# Python

## 语言程序设计

袁方　肖胜刚　齐鸿志　编著

U0396630

清华大学出版社

北　京

## 内 容 简 介

本书全面介绍了 Python 程序设计基础知识,包括 Python 入门、基本数据类型与表达式、语句与结构化程序设计、组合数据类型、函数、文件处理、异常处理、面向对象程序设计和高级编程等内容。通过本书,读者可以学习程序设计知识,掌握程序设计方法,提高程序设计能力,培养程序设计思维,并为进一步学习后续计算机相关课程,提高信息素养和创新能力奠定良好的基础。

本书适合作为高等学校程序设计课程的教材,也可作为自学程序设计的参考书。

**本书封面贴有清华大学出版社防伪标签,无标签者不得销售。**

版权所有,侵权必究。举报:010-62782989, beiqinquan@tup.tsinghua.edu.cn。

**图书在版编目(CIP)数据**

Python 语言程序设计/袁方,肖胜刚,齐鸿志编著. —北京:清华大学出版社,2019(2021.2重印)
ISBN 978-7-302-52029-0

Ⅰ. ①P… Ⅱ. ①袁… ②肖… ③齐… Ⅲ. ①软件工具－程序设计－高等学校－教材
Ⅳ. ①TP311.561

中国版本图书馆 CIP 数据核字(2019)第 007507 号

责任编辑:张瑞庆
封面设计:傅瑞学
责任校对:焦丽丽
责任印制:丛怀宇

出版发行:清华大学出版社
   网   址:http://www.tup.com.cn,http://www.wqbook.com
   地   址:北京清华大学学研大厦 A 座    邮   编:100084
   社 总 机:010-62770175       邮   购:010-83470235
   投稿与读者服务:010-62776969,c-service@tup.tsinghua.edu.cn
   质量反馈:010-62772015,zhiliang@tup.tsinghua.edu.cn
   课件下载:http://www.tup.com.cn,010-83470236
印 装 者:北京嘉实印刷有限公司
经  销:全国新华书店
开  本:185mm×260mm  印  张:14.5  字  数:355 千字
版  次:2019 年 2 月第 1 版        印  次:2021 年 2 月第 5 次印刷
定  价:39.00 元

产品编号:080910-01

# Python

## 前　言

随着大数据、人工智能、物联网等新一代信息技术的快速发展和广泛应用,各行各业与计算机技术的融合程度越来越深,程序(软件)在人们的工作、学习和生活中发挥的作用越来越大。学习程序设计方法,提高程序设计能力,培养程序设计思维,对于更好地适应现代信息化社会、更好地利用计算机技术完成岗位工作是大有益处的。

Python 语言诞生于 1991 年。2000 年 10 月 Python 2.0 正式发布,Python 开始得到广泛应用。在经历 2.4、2.5、2.6、2.7 版本后,2008 年 12 月 Python 3.0 发布,之后推出了多个 3.x 版本,目前的最新版本是 Python 3.7.0。Python 崇尚优美、清晰、简单,是一种得到广泛使用的语言。它是 Google 公司的第三大开发语言,Dropbox 公司的基础语言,豆瓣网的服务器语言。在 2018 年 8 月 TIOBE 发布的编程语言排行榜中,Python 排在 Java、C 和 C++语言之后,名列第 4。在 IEEE Spectrum 发布的 2018 年编程语言排行榜中,Python 名列第 1,第 2 至第 5 分别为 C++、C、Java 和 C#。

Python 语言具有易于理解和学习、程序开发效率高、易于维护、跨平台等优点,更突出的优点在于有大量的自带库和第三方库可用,在编写程序时可根据需要选用,不仅提高了编程效率,增强了程序功能,而且使编程工作变得简单易行。Python 是一种"学得会,用得上"的程序设计语言,可用于脚本程序编写、网站开发、文本处理、科学计算、数据分析、数据库应用系统开发等多个领域。

全书共分 9 章,各章主要内容如下:

第 1 章 Python 入门。在简要介绍 Python 语言的产生、发展和特点的基础上,通过几个简单、有趣、实用的实例展示了 Python 程序的构成,使读者在学习具体内容之前尽早对 Python 语言及程序结构有一个总体了解,有助于对后续章节内容的学习与理解。

第 2 章 基本数据类型与表达式。介绍了整型、浮点型、布尔型、字符串型等基本数据类型,介绍了算术运算符与算术表达式、赋值运算符与赋值表达式、位运算符与位运算表达式,为实际动手编写程序打好基础。

第 3 章 语句与结构化程序设计。结合程序实例详细介绍了赋值语句、分支语句、循环语句以及顺序结构、分支结构、循环结构 3 种基本结构的程序设计方法。特别强调了 Python 语言的特点:多个变量同步赋值、通过严格的缩进构成语句块、循环语句带有 else 子句等内容,简化了程序的编写。

第 4 章 组合数据类型与字符串。介绍了 Python 特有的处理批量数据的数据类型:列表、元组、字典和集合。作为序列数据类型以及灵活的元素形式,列表能够简捷、方便地处理一维、二维及多维的批量数据；元组可以看作轻量级的列表，对于处理具有不变元素值和不变元素个数的批量数据简单、高效；字典和集合分别适合于处理映射型和集合型批量数据。Python 提供了灵活、方便的字符串处理方式。

第 5 章 函数。介绍了函数的定义与调用、参数的传递方式、递归函数、局部变量和全局变量、Python 内置函数、Python 内置标准库、第三方库等内容。拥有丰富的内置标准库和第三方库是 Python 的重要特色之一，通过使用标准库和第三方库，可有效降低编程的难度和减少编程工作量。

第 6 章 文件处理。介绍了文件的打开与关闭、文件的读写操作等内容，利用文件可以长久地保存数据，为处理大批量数据带来了方便。

第 7 章 异常处理。Python 的异常处理机制将异常的检测与处理分离，实际上是将功能代码与异常处理代码分开，提高了程序的可理解性和可维护性，能够有效保证程序的质量。

第 8 章 面向对象程序设计。在简要介绍面向对象程序设计特点的基础上，结合程序实例介绍了类和对象、构造函数、继承与派生、多态、运算符重载等内容。帮助读者深入理解面向对象程序设计的基本思想、熟练掌握面向对象程序设计的基本方法，并深入体会面向对象程序设计的优点。

第 9 章 Python 高级编程。Python 广受欢迎的一个重要原因就是其在各个领域的广泛应用。结合应用实例，介绍了 Python 在网站开发、数据库编程、网页爬取和数据可视化方面的应用，为读者使用 Python 解决实际问题提供思路与示例。

需要说明的是，对于程序设计知识的学习，教师的讲解是必要的，这样有助于学生较快且准确地理解所学内容，但要真正深入理解并切实掌握程序设计方法，需要在教师讲解的基础上，学习者自己多看书、多思考、多编写程序、多上机调试程序。只有多看书、多思考，才能把教师的讲解转化为自己的理解，才能深入理解书中所讲内容的真正含义；只有多编写程序、多上机调试程序，才能准确掌握语法格式及常用程序设计方法，才能逐渐积累程序调试经验。最终实现提高程序设计能力、培养程序设计思维的学习目的。

为方便教师的讲授和学生的学习，本书配有教学课件，示例和例题的程序代码都上机调试通过，可以通过清华大学出版社网站 www.tup.com.cn 获取教学课件以及与例题对应的源代码。

本书由袁方、肖胜刚、齐鸿志编写。其中，袁方编写第 1～5 章和第 8 章，肖胜刚编写第 6 章和第 9 章，齐鸿志编写第 7 章。由袁方统编定稿。

本书的编写参考了同类书籍，我们向有关的作者和译者表示衷心的感谢。

由于 Python 语言程序设计涉及的内容非常丰富，限于编者水平有限，书中难免存在不妥和错误之处，敬请读者批评指正，如能提出修改建议和意见，我们将非常感谢。联系方式 yuanfang@hbu.edu.cn。

作　者<br>2018 年 10 月

# Python 目 录

# 第1章　Python 入门

　　随着大数据、人工智能、物联网等新一代信息技术的快速发展和广泛应用,各行各业与计算机技术的融合程度越来越深,程序(软件)在人们的工作、学习和生活中发挥的作用越来越大,学习掌握必要的程序设计知识、技能与思维方式,对于更好地适应现代信息化社会、更好地利用计算机技术完成岗位工作是大有益处的。学习程序设计,当然要学语法知识,但更重要的是要学习程序设计方法,提高程序设计能力,培养程序设计思维。实际动手编写程序与上机调试程序是提高程序设计能力的最主要途径,为尽早对 Python 程序有一个直观的认识,并且能尽快动手编写 Python 程序,本章通过简单的程序实例来说明 Python 程序的基本结构和基本的程序设计方法。后续各章再逐一介绍语法知识,逐步学会编写比较复杂的 Python 程序。

## 1.1　Python 简介

### 1.1.1　Python 的产生与发展

　　计算机是一种通过程序控制其运行的电子设备,要想让计算机完成某项工作,需要编写相应的程序。在计算机发展的早期,是用机器语言和汇编语言编写程序的,这些低级语言的优点是编写出的程序的执行速度比较快、占用内存空间比较小,比较适于在早期的内存较小、运算速度比较慢的计算机上编写小程序;其缺点是难以学习和掌握,编写出的程序容易出错,而且难以发现和改正程序中的错误。随着计算机性能的提高和程序规模的不断变大,机器语言和汇编语言越来越不适应解决实际问题的需要。

　　1957 年,出现了第一个方便用户编写程序的高级语言——FORTRAN 语言,之后 ALGOL、COBOL、BASIC、Pascal 等高级语言相继诞生并得到广泛的应用,这些高级语言比较容易学习和掌握,为编写规模比较大的解决实际问题的应用程序带来了方便。这些高级语言也有其不足之处,不能充分利用计算机硬件的特性,对于编写数值计算、数据处理等应用程序还可以,但不大适合编写利用计算机硬件资源较多的操作系统等系统软件。1973 年,贝尔实验室设计出了 C 语言。C 语言既有汇编语言能够充分利用硬件特性的优点,又有高级语言简单、易学易用的优点。

　　Python 语言的设计者是荷兰人吉多·范·罗苏姆(Guido von Rossum,1956—　)。1982 年,Guido 从阿姆斯特丹大学获得了数学和计算机硕士学位。Guido 接触并使用过诸如 Pascal、C、FORTRAN 等程序设计语言。由于当时个人计算机的配置很低:内存容量小、运算速度慢,如一款苹果个人计算机 Macintosh,其 CPU 的主频只有 8MHz,内存只有 128KB(现在个人计算机的内存一般为 4~8GB,CPU 主频为 2.5~3.6GHz)。语言编译器

的核心工作是做优化，以便让程序能够装入内存并以较快速度运行。程序员在编写程序时关注的重点也是程序的执行效率。这种编程方式工作量比较大，即使已经知道了实现一个功能的思路，但程序编写过程仍需要耗费大量的时间。Guido 希望有一种程序设计语言，既能够像 C 语言那样充分利用计算机的功能，又可以像 UNIX Bourne Shell（UNIX 操作系统的一个使用简单方便的命令行接口程序）那样简化编程和应用。

Python 这个名字，来自于 Guido 非常着迷的英国喜剧团体 Monty Python。他希望 Python 语言是一种兼顾 C 和 Shell 特点的功能全面、易学易用、可扩展的语言。1991 年，第一个 Python 解释器诞生，它是用 C 语言实现的，并能够调用 C 语言的库文件。从第一个版本，Python 就具有类、函数、异常处理等功能，包含列表和字典在内的核心数据类型，以及基于模块的扩展能力。Python 语法很多来自于 C 语言，同时受到 ABC 语言的较大影响，如强制缩进格式（ABC 是由 Guido 参与设计的一种面向非专业人员的教学用程序设计语言）。Python 将许多机器层面上的细节隐藏，交给解释器处理。Python 程序员可以把更多的时间用于思考程序的逻辑，而不是具体的实现细节，这一特点使 Python 得以广泛使用。最初的 Python 完全由 Guido 本人开发，随着开源模式的推广，逐渐有更多的人参与到对 Python 的功能改进和拓展工作中，目前的 Python 包含了其他人的贡献，但 Guido 仍然主导着 Python 的开发和维护完善工作。

2000 年 10 月 Python 2.0 正式发布，Python 开始得到广泛应用。在经历 2.4、2.5、2.6、2.7 版本后，2008 年 12 月正式发布了 Python 3.0，之后推出了多个 3.x 版本，目前的最新版本是 Python 3.7.0。需要说明的是，早期版本的 Python 程序不能在 3.x 版本上运行，对于开始学习 Python 的读者，建议使用 3.x 版本，最好是比较新的 3.5、3.6 或 3.7。本书使用 3.6.6 调试运行示例程序。

相对于 C 语言等高级语言，Python 的执行效率稍低一些，但由于计算机硬件性能的快速提升弥补了这个不足，而其在易学易用方面有明显的优势。

Python 崇尚优美、清晰、简单，是一种得到广泛使用的语言。它是 Google 公司的第三大开发语言，Dropbox 公司的基础语言，豆瓣网的服务器语言。在 2018 年 8 月 TIOBE 发布的编程语言排行榜中，Python 位列第 4，前 3 名分别是 Java、C 和 C++ 语言。2018 年 IEEE Spectrum 发布的编程语言排行榜中，Python 名列第 1，第 2 至第 5 分别为 C++、C、Java 和 C#。

Python 语言具有易于理解和学习、程序开发效率高、易于维护、跨平台等优点，更突出的优点在于有大量的内置库和第三方库可用，在编写程序时可根据需要选用，不仅提高了编程效率，增强了程序功能，而且使编程工作变得简单易行。

Python 是一种通用语言，可用于脚本程序编写、网站开发、文本处理、科学计算、数据分析、数据库应用系统开发等多个领域。

## 1.1.2　Python 的特点

相对于其他程序设计语言，如 C、C++、Java 等，Python 语言主要有两个方面的特点：一是易学易用；二是类库丰富，有大量的第三方库可用。

### 1. 易学易用

Python 语言的语法很多来自于 C 语言，但比 C 语言更为简洁。相对于其他常用的程序设计语言,可以用更少的代码实现相同的功能,也更容易学习、掌握和使用,使编程人员更多地关注数据处理逻辑,而不是语法细节。Python 和 C 语言的代码比较示例如表 1.1 所示。

表 1.1　Python 和 C 语言的代码比较示例

| 代 码 功 能 | Python 语言代码 | C 语言代码 |
|---|---|---|
| 两个变量内容互换 | a,b＝b,a | t＝a;<br>a＝b;<br>b＝t; |
| 找 3 个数中的最大数 | num＝max(a,b,c) | if (a＞＝b)<br>　　num＝a<br>else<br>　　num＝b;<br>if (num＜c)<br>　　num＝c; |
| 对若干个数值按升序排序 | a＝[67,91,…,76]<br>sorted(a) | int a[10]＝{67,91,…,76};<br>for (int i＝0;i＜9;i＋＋)<br>　　for (int j＝0;j＜9;j＋＋)<br>　　　　if (a[j]＞a[j+1]) {<br>　　　　　　int t;<br>　　　　　　t＝a[j];<br>　　　　　　a[j]＝a[j+1];<br>　　　　　　a[j+1]＝t;<br>　　　　} |

说明：max()和 sorted()都是 Python 的内置函数,可以直接调用。

**2. 类库丰富**

Python 解释器提供了几百个内置类库,此外世界各地的程序员通过开源社区贡献了十几万个第三方库,几乎覆盖了计算机应用的各个领域,编写 Python 程序可以大量利用已有的内置类库和第三方库中的函数。在一定程度上说,使用 Python 语言编写程序,是基于大量的现成函数(代码)来组装程序,大大减少了编程人员自己编写代码的工作量,简化了编程工作,提高了编程效率,提高了代码质量。随着计算机硬件性能的不断提高,在一般的应用场合,Python 程序的性能表现与 C++、Java 等语言已没有明显的区别。

以上这两个主要特点,使得 Python 语言得到了广泛的学习和使用。

# 1.2　Python 的安装与运行

## 1.2.1　Python 的下载与安装

学习编程首先要搭建一个编程环境,搭建 Python 编程环境主要是安装 Python 解释器,有了 Python 解释器的支持,才能执行 Python 程序和语句,才能验证我们编写的程序是否正

确以及执行效率如何。

Python 解释器可以在 Python 语言官网下载后安装。目前的最新版本是 Python 3.7.0。以 Python 3.6.6 的安装为例，Python 的安装过程一般包含如下 3 个主要步骤：

（1）下载安装包。安装 Python，首先需要做的就是访问 Python 官方网站 http://www.python.org/download/，从官方网站下载 Python 的安装包。访问 Python 官网，进入如图 1.1 所示的 Python 主界面。

**图 1.1　Python 官网主界面**

如果所用计算机安装的是 Windows 操作系统，应选择单击 Python for Windows（也可以根据所用操作系统有不同的选择），进入面向 Windows 的 Python 版本列表，从中找到 Python 3.6.6-2018-06-27 下的 Download Windows x86-64 executable installer 选项并单击，下载安装包文件，如图 1.2 所示。

- Download Windows x86-64 executable installer
- Download Windows x86-64 embeddable zip file
- Download Windows help file
- Python 3.6.6 - 2018-06-27
  - Download Windows x86 web-based installer
  - Download Windows x86 executable installer
  - Download Windows x86 embeddable zip file
  - Download Windows x86-64 web-based installer
  - Download Windows x86-64 executable installer
  - Download Windows x86-64 embeddable zip file
  - Download Windows help file
- Python 3.6.6rc1 - 2018-06-12
  - Download Windows x86 web-based installer
  - Download Windows x86 executable installer

**图 1.2　Python 3.6.6 版本选项**

（2）安装 Python 解释器。双击下载的 Python 安装包文件，单击 Install Now 选项后进入安装过程，如图 1.3 所示。为了后续操作方便，请选择 Add Python 3.6 to PATH 前面的选择框。

图 1.3　Python 安装起始对话框

（3）安装成功。安装过程结束后，出现如图 1.4 所示的界面，单击 Disable path length limit 方框取消路径长度限制，单击 Close 按钮完成 Python 安装。也可以不取消路径长度限制，直接单击 Close 按钮完成 Python 安装。

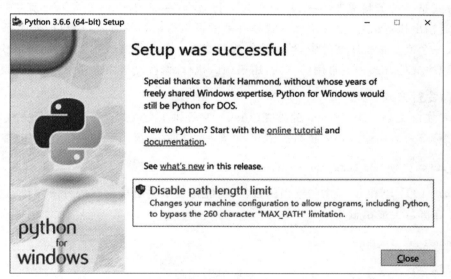

图 1.4　Python 安装结束对话框

安装完成后，可以从 Windows 开始菜单的所有程序（应用）中找到 Python 3.6.6 程序组，其中的 IDLE 即为 Python GUI（Python 图形用户界面），这就是 Python 的集成开发学习环境（Integrated Development and Learning Environment，IDLE）。其中，＞＞＞为 IDLE 的操作提示符，在其后面可输入并执行 Python 表达式或语句，输入表达式：25 * 36 并回车，则会显示计算结果：900；输入语句：print("Python Language")并回车，则会显示字符串：Python Language，如图 1.5 所示。

```
Python 3.6.6 Shell                                    —    □    ×
File Edit Shell Debug Options Window Help
Python 3.6.6 (v3.6.6:4cf1f54eb7, Jun 27 2018, 03:37:03) [MSC v.1900 64 bit (AMD6
4)] on win32
Type "copyright", "credits" or "license()" for more information.
>>> 25*36
900

>>> print("Python Language")
Python Language
>>>

                                                            Ln: 8 Col: 4
```

图 1.5　Python IDLE 界面

## 1.2.2　Python 程序的运行

安装好 Python 解释器后,运行 Python 程序有两种方式:命令行方式和程序文件方式。命令行方式是一种人机交互方式,用户输入一行命令(一条 Python 语句),计算机就执行一条,并即时输出执行结果;程序文件方式是一种批量执行语句的方式,用户把若干条 Python 语句写入一个或多个程序文件中,然后执行程序文件。命令行方式用于验证、调试少量的语句代码,程序文件方式是更常用的方式,用于调试执行、修改完善由多条语句组成的程序。

### 1. 命令行方式

IDLE 实际上是一个 Python 的外壳(shell),它提供了交互式命令行的运行方式,可以在提示符(＞＞＞)后面输入想要执行的语句,回车后可以立即显示运行结果。例如,输入:

```
>>>print("Python Learning Environment.")
```

其中的 print()是 Python 提供的输出函数,其功能是显示输出表达式的计算结果,这条语句的功能是在屏幕上显示输出字符串:

```
Python Learning Environment.
```

如果输入:

```
>>>name="张三"
>>>print("姓名=",name)
```

则输出结果如下:

```
姓名=张三
```

这种单行命令的交互方式简单方便,可用于实现简单的功能和学习时的语法格式验证,但不适合解决复杂问题,只有编写程序才能更好地体现出 Python 作为编程语言的优势。

**2. 程序文件方式**

一般情形下,应该是把多条语句组织成一个程序文件,然后再执行程序文件,达到解决实际问题的目的。在如图 1.5 所示的 IDLE 界面中,选择菜单 File→New File,打开程序编辑窗口,可以输入若干条语句,形成一个 Python 程序,如图 1.6 所示。选择菜单 File→Save,给定文件名并指定存储位置后,将程序存盘,Python 源程序文件的默认扩展名是.py。接下来,可以选择 Run→Run Module 菜单项(或者按 F5 快捷键)运行程序,将在一个标记为 Python Shell 的窗口中显示运行结果。也可以在 IDLE 中选择菜单 File→Open,打开一个已经存在的 Python 程序文件,用于编辑修改和调试执行。

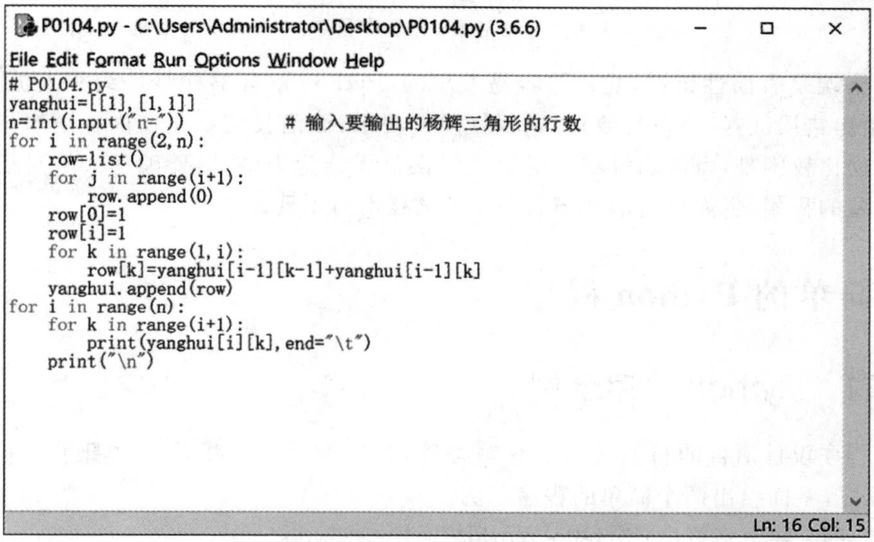

```
P0104.py - C:\Users\Administrator\Desktop\P0104.py (3.6.6)      —  □  ×
File Edit Format Run Options Window Help
# P0104. py
yanghui=[[1], [1,1]]
n=int(input("n="))              # 输入要输出的杨辉三角形的行数
for i in range(2, n):
    row=list()
    for j in range(i+1):
        row. append(0)
    row[0]=1
    row[i]=1
    for k in range(1, i):
        row[k]=yanghui[i-1][k-1]+yanghui[i-1][k]
    yanghui. append(row)
for i in range(n):
    for k in range(i+1):
        print(yanghui[i][k], end="\t")
    print("\n")
                                                          Ln: 16 Col: 15
```

**图 1.6　Python 程序编辑窗口**

在进行程序源代码的输入和编辑时,可以利用快捷键来提高编辑效率,一些常用的快捷键如表 1.2 所示。

**表 1.2　IDLE 快捷键**

| 快捷键 | 作　　用 | 快捷键 | 作　　用 |
|--------|----------|--------|----------|
| Ctrl+N | 打开一个新的编辑器窗口 | F5 | 运行当前程序 |
| Ctrl+O | 打开一个文件进行编辑 | Ctrl+Z | 撤销最后一次操作 |
| Ctrl+S | 保存当前程序 | Shift+Ctrl+Z | 重做最后一次操作 |

**3. Python 程序的调试执行**

Python 程序中的语句序列称为源代码,被存储到硬盘、U 盘等外存的程序文件称为源代码文件(简称源文件),Python 源文件的扩展名为.py。当运行源代码文件时,Python 对源代码进行解释执行。

如果源程序中有错误,那么或者解释无法通过,或者执行得到的结果不正确。导致解释不能通过的错误称为语法错误(不符合 Python 语法规则),在解释通过的前提下,导致执行结果不正确的错误称为语义错误或逻辑错误(不符合数据处理逻辑)。

语法错误示例如下:

```
Print("Hello World!")     #print 的首字母写成了大写,Python 中区分字母的大小写
x=5, y= 6                 #若在一行中书写多个语句,语句间以分号(;)分隔
n=int(input("n=")         #左右括号个数不匹配
```

语义错误示例如下:

```
score=720                 #把 72 误写为 720
area=3.14+r*r             #把乘号(*)误写为加号(+)
len=len*wid               #赋值语句左部写错了变量名,本来应该为变量 area
```

语法错误是表面性错误,是比较容易发现的,Python 解释器能帮助编程人员找出语法错误,并给出错误位置(所在行数)和错误性质的提示;而语义错误属于内在逻辑错误,检查出语义错误比较困难,目前的解释器对语义错误是无能为力的,需要编程人员自己查找,这既需要经验的积累,也需要借助适当的程序调试技术与工具。

# 1.3 简单的 Python 程序

## 1.3.1 Python 程序示例

学习程序设计语言的目的是为了编写程序,为使读者能够尽早一试身手,编写并运行 Python 程序,下面给出两个简单的程序示例。

【例 1.1】 输出字符串:"Hello World!"。

编写程序,并以 P0101.py 为文件名保存,程序中的语句如下:

```
print("Hello World!")
```

程序运行时,在显示器上输出字符串:

```
Hello World!
```

如同我们看到的,该程序中只有一条语句:

```
print("Hello World!")
```

语句的功能是原样输出一对双引号中的内容,即"Hello World!"。

不知从什么时间开始,介绍程序设计语言的书,第一个示例程序都是输出"Hello World!"这个简单的字符串,我们也入乡随俗,遵从这个惯例。

再来看一个带有人机交互的程序,根据用户的输入,程序给出相应的输出。

【例 1.2】 根据用户输入的姓名信息,给出问候信息。

编写文件名为 P0102.py 的程序如下:

```
name=input("请输入姓名:")
print("您好,"+name+"!")
```

运行此程序,如果输入"袁方",则计算机输出"您好,袁方!",实现了简单的人机交互。

该程序中,用到了变量、赋值运算符、input()函数和运算符"+":

```
name=input("请输入姓名:")
```

这是一个赋值语句,此处的"="称为赋值运算符。该语句的功能是,把通过键盘输入的姓名值(一个字符串)赋给变量 name。

执行到 input()函数时,程序暂停执行,等待用户从键盘输入一个字符串,以回车键作为输入的结束,并把输入的字符串赋给赋值运算符(=)左部的变量。

程序中还用到了运算符"+",此处的"+"是实现字符串的相加,实际上是字符串的连接,"您好,"+name+"!" 是把 3 个字符串连接成一个字符串,字符串除了能进行连接操作外,还能进行比较大小、截取子串等操作,详细介绍见 4.5 节。

进一步改写上面的程序如下:

```
name=input("请输入姓名/What is your name:")
if "a"<=name[0]<="z" or "A"<=name[0]<="Z":
    print("Nice to meet you,"+name+".")
else:
    print("您好,"+name+"!")
```

如果输入:

袁方

程序输出:

您好,袁方!

如果输入:

John

程序输出:

Nice to meet you, John.

此时的程序都有点"智能"了,输入中文名字,就用中文回复;输入英文名字,就用英文回复。从形式上看,程序既懂中文,也懂英文。

程序中又出现了新的语法形式,if-else 的介绍见 3.2 节,"a"<=name[0]<="z" 涉及字符截取和字符比较。

计算机的一项重要功能是数值计算,再来看一个实现计算功能的程序。

【例 1.3】　通过键盘输入长方形的长和宽,计算长方形的面积并输出。

```
#P0103.py
#计算长方形的面积
len=input("请输入长方形的长度:")         #输入长度
wid=input("请输入长方形的宽度:")         #输入宽度
area=int(len) * int(wid)                 #计算面积
print("面积=",area)                      #输出面积
```

程序运行时,首先会先后显示如下提示信息:

请输入长方形的长度：
请输入长方形的宽度：

如果从键盘先后输入两个数值：38和16，则会在显示器上看到如下结果：

面积＝608

该程序比前面的程序稍微复杂一些，与前面程序相同的部分不再解释，与前面程序不同的部分作简要解释如下。

♯**P0103.py**：这是对程序文件名的说明，说明存储该程序的文件名为P0103.py。以井号(♯)开始直至本行结束，称为注释。注释可用于说明整个程序的功能与文件名，也可用于说明某段程序或某条语句的功能，该程序中其他部分的注释就是分别说明整个程序的功能或一条语句的功能。注释对程序的功能没有任何影响，有无注释及注释的多少不影响程序的实际功能，注释只是方便人们阅读理解程序。

♯**计算长方形的面积**：这是对程序总体功能的说明，便于阅读者理解后面的程序代码。

**area＝int(len) * int(wid)**：这是一个赋值语句，该语句的功能是，先计算出len和wid两个变量所代表的值的乘积，然后把乘积值赋给area变量。之所以两个变量前各有一个int，是因为通过input()函数输入的值是字符串，进行乘法运算前先要把字符串转换为数值，int(len)的作用是把一个由数字组成的字符串转换为对应的数值，如把"38"转换为38，int(wid)的功能类似。需要注意的是，int只能转换完全由数字字符组成的字符串，否则会提示错误，如果转换前len的值为"3a"或"38.65"，则转换操作会报错。

**print("面积＝",area)**：这个print语句输出两个值，一个是字符串"面积＝"，一个是变量area中的整数值，由于两个值属于不同的类型，中间用逗号(,)隔开，不能用加号(＋)连接。

通过以上3个程序示例，可以总结出简单的Python程序的一般结构如下：

输入数据
处理数据
输出结果

当然，有些特别简单的程序也可能没有数据的输入和处理部分（如例1.1），但一般的程序都由数据的输入、处理和输出3个部分组成。依据这个结构，就可以照猫画虎地编写一些简单的程序了。想一想，现在能编写一个Python程序来计算圆的面积吗？圆的半径通过键盘输入。随着后续章节的学习，会逐渐接触到结构更为复杂、功能更为强大的Python程序。

再来看两个程序，程序中用到的语法知识就不介绍了，大家有兴趣可输入计算机中并查看程序的执行结果，感受Python程序的奇妙。

【例1.4】 输出若干行的杨辉三角形数据。

```python
#P0104.py
yanghui=[[1],[1,1]]
n=int(input("n="))          #输入要输出的杨辉三角形的行数
for i in range(2,n):
    row=list()
    for j in range(i+1):
        row.append(0)
```

```
        row[0]=1
        row[i]=1
        for k in range(1,i):
            row[k]=yanghui[i-1][k-1]+yanghui[i-1][k]
        yanghui.append(row)
    for i in range(n):
        for k in range(i+1):
            print(yanghui[i][k],end="\t")
        print("\n")
```

执行此程序时,如果给变量 n 输入的值为 8,则输出如
图 1.7 所示的数据。

说明:程序中用到了组合数据类型—列表,关于列表
的详细介绍见 4.1 节。

【例 1.5】　根据一名学生的时间分配画出饼图。

```
#P0105.py
import matplotlib.pyplot as plt
plt.rcParams["font.sans-serif"]=["SimHei"]
plt.rcParams['axes.unicode_minus']=False
hours=(3,2,8,8,3)
labels=("吃饭","素质拓展","睡眠","课程学习","娱乐休闲")
colors=("c","b","m","r","y")
plt.pie(hours,explode=(0,0,0.0,0.06,0),labels=labels,\
    startangle=90,colors=colors,shadow=True,autopct='%1.1f%%')
plt.legend()
plt.show()
```

执行该程序画出的饼图如图 1.8 所示。

```
1
1   1
1   2   1
1   3   3   1
1   4   6   4   1
1   5   10  10  5   1
1   6   15  20  15  6   1
1   7   21  35  35  21  7   1
```

图 1.7　杨辉三角形数据(8 行)

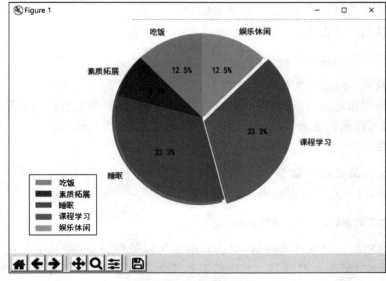

图 1.8　时间分配饼图

说明：

① 由于该程序用到了第三方库,执行此程序前要在 Windows 命令行界面用 pip install matplotlib 命令安装 matplotlib 库。

② 程序中用到了数据可视化编程,关于数据可视化的详细介绍见 9.4 节。

以上几个示例,让我们既看到了好玩的程序,也看到了好用的程序,想自己编写一些体现自己创意的程序吗? 从第 2 章将正式开始我们的编程之旅。

## 1.3.2 input()与 print()函数

输入与输出是程序的基本功能,本节简单介绍和输入输出操作有关的 input()函数和 print()函数的基本使用方法。

**1. 用 input()函数输入数据**

使用 input()函数输入数据的语法格式如下:

**变量=input("提示信息")**

功能：从键盘输入数据并赋给变量,系统把用户的输入看作字符串。

示例：

```
name=input("请输入姓名：")
age=input("请输入年龄：")
```

系统执行到这样的语句,等待用户输入,用户根据提示信息输入相应的姓名和年龄,如张三和 18,系统都看作字符串,即 name 的值为"张三",age 的值为"18",如果需要,可以用 int(age)的方式把字符串转换为整数值:

```
age=input("请输入年龄：")
age1=int(age)
```

这样 age 的值是字符串"18",age1 的值是整数 18。

也可以直接用如下方式:

```
age2=int(input("请输入年龄："))
```

如果用户输入 18,age2 的值也是整数 18。

括号中的提示信息可以没有,但一对圆括号必须要有。如果没有提示信息,则不方便用户输入,一般应有提示信息,而且要用一对引号括起来,提示用户输入什么样的数据,增强人机交互的友好性。

**2. 用 print()函数输出数据**

使用 print()函数输出数据的语法格式如下:

**print(表达式 1,表达式 2,⋯,表达式 n)**

功能：依次输出 n 个表达式的值,表达式的值可以是整数、实数和字符串,也可以是一个动作控制符,如"\n"表示换行等。其中的表达式可以有 1 个,可以有多个,多个表达式之间用逗号(,)分开,如果没有任何表达式,print()函数的功能是实现一个换行动作。

**注意**：书写程序时,除了引号中的内容可以在中文状态下输入,所有其他符号(包括引号本身)都必须在英文状态下输入,否则会被解释器识别为错误。

示例:

```
name="张三"
age=18
print(name,age,"\n 李四",19)
```

输出数据如下:

```
张三      18
李四      19
```

张三的姓名和年龄通过变量输出,李四的姓名和年龄直接输出,中间有一个换行动作,通过"\n"来实现。

一个变量、一个常量值以及变量与常量组成的运算式(如 age＋2)都可以看作表达式,例如:

```
print(a,"-",b,"=",a-b)
```

该输出语句中有 5 个表达式,第 1 个表达式是变量 a,输出其值;第 2 个表达式是字符"－",原样输出;第 3 个表达式是变量 b,输出其值;第 4 个表达式是字符"＝",原样输出;第 5 个表达式是 a－b,输出其值。如果执行该语句前,变量 a 和 b 的值分别为 57 和 32,则该语句的输出形式如下:

```
57-32=25
```

print()函数还可以有更多的格式控制方式,以满足实际输出数据的格式需求,详细介绍见 4.5 节。

### 1.3.3　注释

让他人看懂自己编写的程序,特别是较为复杂一些的程序,不是一件容易的事情。实际上,即使是编程者本人,时间长了再看自己编写的程序也有点费劲。为了便于对程序的阅读和理解,可以在编写程序时加上适当的注释。

Python 中的注释有两种类型,一是单行注释,以井号(♯)开始,直至本行结束,例 1.3 中用的就是单行注释,这也是 Python 程序中比较常见的注释方式;二是多行注释,以三引号("')作为开始和结束,其中的内容都作为注释,可以包含多行内容,也可以只包含一行内容。

注释用于说明整个程序、某段程序或某个语句的功能,适当的注释有利于他人或编程人员自己较快地看懂程序,正确地理解程序的功能。在对源程序进行编译和解释时,编译器和解释器会忽略程序中的所有注释,即一个程序有没有注释及注释的多少对该程序的编译(解释)和执行没有影响,注释只是给人看的。

# 1.4  程序设计语言介绍

在信息化社会,程序设计能力与程序设计思维是所有大学生都应具备的基本素质,也是毕业后能够胜任岗位工作的重要基础。

要想让计算机完成某项工作,需要把工作步骤等告诉计算机,而且要明确、清晰。程序设计语言就是一种让计算机理解人的意图,并且按照人的意图完成工作的符号系统。程序设计人员的工作是:针对要完成任务的步骤,基于某种程序设计语言编写出程序,提交给计算机执行,从而完成该项任务。

所谓程序设计语言就是指令或语句的集合,指令或语句就是让计算机完成某项功能的命令,在机器语言或汇编语言中,把这样的命令称为指令(instruction),在高级语言中,把这样的命令称为语句(sentence)。程序设计语言经历了机器语言、汇编语言和高级语言3个阶段,机器语言和汇编语言都称为低级语言,高级语言又分为早期高级语言、结构化程序设计语言、面向对象程序设计语言等。

## 1.4.1  机器语言

1952年之前,人们只能使用机器语言来编写程序。机器语言(machine language)是由二进制编码指令构成的语言,是一种依附于机器硬件的语言。

每种处理器都有自己专用的机器指令集合,这些指令能够被计算机直接执行。由于指令的个数有限,所以处理器的设计者列出所有的指令,给每个指令指定一个二进制编码,用来表示这些指令。每条机器语言指令只能完成一个非常简单的任务。

一条机器语言指令由两部分组成:操作码和操作数,操作码用于说明指令的功能,操作数用于说明参与操作的数据或数据所在单元的地址。操作码和操作数都是以二进制的形式表示。

示例:

```
0001 0101 01101100    //把地址为 01101100 的内存单元中的数装入 0101 号寄存器
0001 0110 01101101    //把地址为 01101101 的内存单元中的数装入 0110 号寄存器
0101 0000 01010110    //把 0101 和 0110 两个寄存器中的数相加,结果存入 0000 号寄存器
0011 0000 01101110    //把 0000 号寄存器中的数存入地址为 01101110 的内存单元中
```

这是一段机器语言程序,其功能是把两个内存单元中的数相加,并将结果存入另外一个单元。用机器语言编写程序,程序员必须要记住每条指令对应的二进制编码是什么,编写出来的程序就是由0和1组成的数字串。这样就存在几个方面的困难:指令难以准确记忆、程序容易写错、程序难以理解、程序中的错误难以发现和修改。

## 1.4.2  汇编语言

1952年出现了汇编语言。汇编语言(assembly language)是由助记符指令构成的语言,也是一种依附于机器硬件的语言。

在汇编语言中,使用英文单词或其简写形式的助记符来表示指令的操作码(如用 mov

表示数据传送操作,用 add 表示加法操作等),使用存储单元或寄存器的名字表示操作数。这样,相对于机器语言,记忆汇编语言的指令就容易多了,编写出的程序也比较容易理解。

示例:

```
MOV r5,x      //把 x 单元中的数装入 r5 寄存器
ADD r5,y      //把 r5 中的数与 y 单元中的数相加,结果再存回 r5 寄存器
MOV z,r5      //把 r5 中的数存入 z 单元中
```

这是一段汇编语言程序,其功能也是把两个内存单元中的数据相加,并将结果存入另外一个单元。和机器语言程序比较,实现的功能相同,但指令容易记忆,程序容易编写和理解,而且 3 条汇编语言指令完成了 4 条机器语言指令的功能。

实际上,计算机只能直接执行由机器语言编写的程序。用汇编语言编写的程序称为汇编语言源程序,源程序(source program)需要首先翻译成功能上等价的机器语言程序,称为目标程序(object program),才能被计算机执行,完成这种翻译工作的程序称为汇编程序或汇编器(assembler)。

相对于机器语言,汇编语言有一定的优势,但仍存在许多不足,助记符对一般人来说仍是比较难以记忆的,程序安全性低(容易出现内存越界错误),而且需要编程人员对计算机的硬件结构有比较深入的了解。

## 1.4.3　高级语言

机器语言中的指令用二进制数字串表示,汇编语言中的指令用英文助记符表示,高级语言(high level language)中的语句用英文单词和数学公式表示,这样更容易被编程人员理解和掌握。

示例:

```
z=x+y;         //把内存单元 x 中的数与 y 中的数相加,结果存入 z 单元
```

这是一条 C 语言赋值语句,其功能还是把两个内存单元中的数相加,并将结果存入另外一个单元。从这个简单的例子可以看出,用高级语言编写程序,既简单又容易理解,程序的安全性也比较高。

使用高级语言编写出的程序称为高级语言源程序,也需要先翻译成等价的目标程序,才能为计算机理解和执行。这种翻译程序有两种模式,一种是编译程序(compiler)模式,一种是解释程序(interpreter)模式。编译程序先把高级语言的源程序翻译成目标程序,然后执行目标程序;解释程序并不需要把高级语言的源程序翻译成目标程序,而是边翻译边执行。

由于现在常用的高级语言都提供了大量的系统资源(库函数等)可供编程人员使用,目前的程序执行模式是先把源程序编译成目标程序(也称目标文件),再把目标程序和系统资源连接成可执行程序(也称可执行文件),最后执行可执行程序。

由于机器语言实在是难以学习和理解,所以一般不直接用机器语言编写程序。相对于高级语言,汇编语言也有难以学习和理解的不足,但汇编语言靠近机器,能够充分利用计算机硬件的特性,所以编写出的程序效率较高(占用内存少、执行速度快),对效率要求较高的规模不大的程序(如外设驱动程序、计算机控制程序等)仍然可用汇编语言编写。但更多的

规模比较大的程序还是用高级语言来编写。当然,也可以混合使用汇编语言和高级语言编写程序,对执行效率要求较高的功能用汇编语言实现,一般功能用高级语言实现,既能保证程序的开发效率,又能保证程序的执行效率。

下面对一些得到广泛应用的高级语言作简要介绍。

### 1. 早期高级语言

1) FORTRAN 语言

FORTRAN 是 FORmula TRANslator(公式翻译器)的缩写,用于数学公式的表达和科学计算,1957 年 FORTRAN 的第一个版本研发成功,以后又陆续研发出若干版本。其中,FORTRAN 77 支持结构化程序设计,FORTRAN 2003 支持面向对象程序设计。

FORTRAN 语言在计算密集的分子生物学、高能物理学、大气物理学、地质学、气象学(天气预报)等领域得到广泛应用。

FORTRAN 语言的发明人约翰·巴克斯(John W. Backus,1924—2007)获得了 1977 年度的图灵奖。

2) ALGOL 语言

ALGOL 是 ALGOrithm Language(算法语言)的缩写,也是用于科学计算,其最早版本是 1958 年出现的 ALGOL 58,后续版本有 ALGOL 60 和 ALGOL 68,这两个版本曾经在我国得到广泛的学习和使用,其后继语言 Pascal 出现后,ALGOL 逐渐被淘汰。

作为 ALGOL 语言和计算机科学的"催生者",艾伦·佩利(Alan J. Perlis,1922—1990)获得了 1966 年度图灵奖,佩利是第一位图灵奖获得者,他在 ALGOL 58 和 ALGOL 60 的形成和完善过程中发挥了关键作用。

3) COBOL 语言

COBOL 是 COmmon Business-Oriented Language(面向商业的通用语言)的缩写,用于企业管理和事务处理,以一种接近于英语书面语言的形式来描述数据特性和数据处理过程,因而比较容易理解和学习。1960 年推出了 COBOL 60,之后陆续推出了若干版本。

4) BASIC 语言

BASIC 是 Beginner's All-purpose Symbolic Instruction Code(初学者通用符号指令码)的缩写。BASIC 的研发者认为,上述几种语言都是面向计算机专业人员的,为使非计算机专业的人员也都能较快地掌握一种编程语言,研发了 BASIC 语言。

1964 年的 BASIC 第 1 版只有 14 条语句,到 1971 年的第 6 版已完善成为相当稳定的通用语言。之后陆续推出了支持结构化程序设计和面向对象程序设计的版本。

### 2. 结构化程序设计语言

在 20 世纪 50—60 年代,由于计算机硬件性能(运算速度慢、内存容量小)、编程语言和应用领域等的限制,编写的程序一般都比较短小,编程人员更多的是注重程序功能的实现和编程技巧,在实现功能的前提下,尽可能少地占用内存空间并具有较高的执行效率。

到了 20 世纪 60 年代末,随着计算机硬件水平的提高和应用的深入,需要编写规模较大的程序,如操作系统、数据库管理系统等。实践表明,沿用过去编写小程序的方法(注重功能的实现、注重内存的节省、注重程序执行效率的提高,不注重程序结构的清晰性、不注重程序的可理解性和可修改性)来编写规模较大的程序是不行的,往往导致编写出的程序可靠性差、错误多且难以发现和修改错误。为此,人们开始重新审视程序设计中的一些基本问题,如程序的基本组成部分是什么、如何保证程序的正确性、程序设计方法如何规范等。

1969 年,埃德斯加·狄克斯特拉(Edsgar W. Dijkstra,1930—2002)首先提出了结构化程序设计的思想,强调从程序结构和风格上来研究程序设计,注重程序结构的清晰性,注重程序的可理解性和可修改性。埃德斯加·狄克斯特拉获得了 1972 年度图灵奖。

对于编写规模比较大的程序,不可能没有错误,关键的问题是在编写程序时就应该考虑到,如何较快地找到程序中的错误并较容易地改正错误。

到 20 世纪 70 年代末,结构化程序设计方法得到了很大的发展,尼克莱斯·沃思(Niklaus Wirth,1934—　　)提出了"算法+数据结构=程序设计"的程序设计方法,将整个程序划分成若干个可单独命名和编址的部分——模块,模块化实际上是把一个复杂的大程序的编写分解为若干相互联系又相对独立的小程序的编写,使程序易于编写、理解和修改。

1) Pascal 语言

1971 年,尼克莱斯·沃思研发了第一个结构化程序设计语言,以法国著名科学家帕斯卡(Blaise Pascal,1623—1662)的名字命名,这位物理学家、数学家在 1642 年曾经发明了齿轮式、能进行加减运算的机械式计算机。

Pascal 语言的主要特点是:严格的结构化形式,丰富完备的数据类型,运行效率高,查错能力强。Pascal 语言对于培养初学者良好的程序设计风格和习惯很有益处。

Pascal 的第一个版本出现在 1971 年,之后出现了适合于不同机型的各种版本,其中影响最大的就是 Turbo Pascal 系列。20 世纪 70—90 年代,Pascal 语言得到广泛学习和应用。

由于 Pascal 的发明及在结构化程序设计方法上的贡献,尼克莱斯·沃思获得了 1984 年度图灵奖。

2) C 语言

1963 年,英国剑桥大学在 ALGOL 60 的基础上增加了硬件处理功能,推出了 CPL(combined programming language)。但 CPL 规模比较大,其编译程序难以有效实现。1967 年,剑桥大学对 CPL 进行了简化,推出了 BCPL(Basic CPL)。1970 年,美国贝尔实验室以 BCPL 为基础,又做了进一步简化,设计出更简单且更接近硬件的 B(取 BCPL 的第一个字母)语言,并用 B 语言编写了第一个高级语言版的 UNIX 操作系统(以前的 UNIX 版本都是用汇编语言编写的)。也许是精简得太多,B 语言过于简单,功能有限。1972 年至 1973 年,贝尔实验室在 B 语言的基础上设计出了 C(取 BCPL 的第二个字母)语言。C 语言既保持了 BCPL 和 B 语言精练、接近硬件的优点,又克服了它们过于简单、无数据类型的缺点,使 C 语言既具有汇编语言能够充分利用硬件特性的优点,又有高级语言简单、易学易用的优点。

1973 年,贝尔实验室将原来用汇编语言编写的 UNIX 操作系统用 C 语言改写成 UNIX 第 5 版,C 语言代码占 90% 以上。1975 年,UNIX 第 6 版公布后,C 语言的优点引起了人们的广泛关注,随着 UNIX 的日益广泛使用,C 语言的强大功能和优点逐渐为人们认识,C 语言得以迅速传播,成为应用最为广泛的程序设计语言。

**3. 面向对象程序设计语言**

早期的高级语言及结构化程序设计语言都属于面向过程的程序设计语言,结构化是一种更为规范的程序设计方法。几十年的程序设计实践表明,面向过程的结构化程序设计方法在一定程度上保证了编写较大规模程序的质量,但随着程序规模的不断变大,也逐渐暴露了其本身存在的不足。

(1)面向过程的思想与人们习惯的思维方式仍然存在一定的距离,所以很难自然、准确地反映现实世界,因而用此方法编写出来的程序,特别是规模比较大的程序,其质量仍然是难以保证的。

(2)结构化程序设计方法虽然在一定程度上保证了面向过程程序的质量,但由于其主要关注的是要实现功能的操作方法(模块),而被操作的数据(变量)处于实现功能的从属地位,即程序模块和数据结构是松散地耦合在一起,当程序复杂度较高时,容易出错,而且错误难以查找和修改。

为了从根本上克服面向过程程序设计方法的不足,适应大规模程序设计的需要,20 世纪 80 年代,人们提出了面向对象的程序设计(object oriented programming,OOP)方法。面向对象的程序设计方法能够超越程序的复杂性障碍,能够在计算机系统中自然地表示客观世界。

面向对象的方法不再将问题分解为过程,而是将问题分解为对象,对象将自己的属性和方法封装成一个整体,供程序设计者使用,对象之间的相互作用则通过消息传递来实现。使用面向对象的程序设计方法,可以使人们对复杂系统的认识过程与程序设计过程尽可能一致。这种“对象＋消息”的面向对象程序设计方法,正逐渐取代“数据结构＋算法”的面向过程的程序设计方法。

同结构化程序设计方法要有结构化程序设计语言支持一样,面向对象的程序设计方法也要有面向对象的程序设计语言支持。

1)Simula 67 语言

Simula 67 语言发布于 1967 年,首次引入类、对象、继承和动态绑定等概念,被公认为是面向对象语言的鼻祖。作为面向对象技术的奠基人及 Simula 67 语言的发明者,奥尔-约翰·戴尔(O. J. Dahl)和克利斯登·奈加特(K. Nygaard)共同获得了 2001 年度图灵奖。

2)Smalltalk 语言

20 世纪 80 年代,美国 Xerox Palo Alto 研究中心推出了 Smalltalk 语言,它完整地体现并进一步丰富了面向对象的概念,开发了配套的工具环境。作为个人计算机之父及 Smalltalk 语言发明人,艾伦·凯(A. Kay)获得了 2003 年度图灵奖。

Smalltalk 是世界上第一种真正的面向对象程序设计语言。但由于当时人们已经接受并广泛应用结构化程序设计方法,一时还难以完全接受面向对象的程序设计思想,这类纯面向对象语言没能广泛流行。

3)C++ 语言

真正得到广泛应用的面向对象语言是 C++ 和 Java,C++ 语言的流行得益于两个方面,一是其自身强大的性能,二是 C 语言的普及基础。

C++ 语言支持数据的封装,支持类的继承,也支持函数的多态,这都提高了程序的可扩展性和可重用性,进而提高了软件开发的效率。例如,编写一个计算不同几何图形面积的程序,可以将几何图形的形状定义为一个基类,再由它派生出一些子类,如圆形、长方形、三角形等,它们具有基类的共性,又有各自的特性。用动态联编来实现运行时的多态,使得在不同类中对相同名字的函数进行选择,实现不同图形面积的计算,动态联编通过虚函数来实现,它在各个子类中都有不同的实现。而要在 C 语言中实现该功能,需要编写不同的函数,还要通过函数调用来实现不同图形面积的计算,其中公共部分需要多次定义,代码冗余。另外,如果想要再增加新的几何图形面积计算,对于 C++ 来说也是比较方便的,只要再定义图形基类的一个新的子类,并在该子类中给出求几何图形面积的方法即可,而对于 C 语言,则需要重新定义一个函数。

4）Java 语言

Java 语言是由 Sun Microsystems 公司于 1995 年 5 月推出的一种支持网络计算的面向对象程序设计语言。Java 语言吸收了 Smalltalk 语言和 C++ 语言的优点,并增加了并发程序设计、网络通信和多媒体数据控制等特性,因而得到了广泛应用。

## 习　题　1

1. 简述 Python 语言的产生与发展过程。
2. 简述 Python 语言的特点。
3. 简述 Python 的安装过程,如果条件允许试着完成一次安装过程。
4. 简述 Python 程序的执行过程。
5. 编写程序,计算长方体的体积,长方体的长、宽、高由键盘输入。
6. 编写程序,计算圆柱体的表面积,圆柱体的半径和高由键盘输入。

# 第2章 基本数据类型与表达式

编写程序的目的是利用计算机进行数据处理,这种数据处理可以是数值计算,也可以是数据排序、数据搜索等。计算机处理数据要有两个前提,一是要把数据存储在内存单元中,二是要知道对数据能进行什么样的操作。确定了数据类型,数据的存储格式及能进行的操作就明确了,计算机才能正确处理这些数据。数据有常量和变量,数值计算需要用到运算符和表达式。本章介绍常量、变量、基本数据类型、运算符和表达式等内容。

## 2.1 字符集与标识符

如果要用英文写文章,首先需要知道哪些字符(包括标点符号)可以使用,然后要了解字符如何组成单词,单词如何组成句子,句子如何组成文章。用 Python 语言编写程序与此有相似之处,首先了解 Python 中允许使用的单个字符以及标识符的定义规则,然后学习语句的构成及程序的编写。

### 2.1.1 字符集

允许在 Python 程序中出现的单个字符组成的集合称为 Python 字符集。

Python 字符集中包括如下 91 个符号。

① 英文字母(大写、小写):A、B、C、…、Z、a、b、c、…、z。

② 数字:0、1、2、3、4、5、6、7、8、9。

③ 特殊字符: +、-、*、/、%、=、(、)、[、]、{、}、<、>、_(下画线)、|、\、#、?、~、、!、,、;、'、"、.、$、^、&。

**注意**:在向计算机中输入源程序时,上述符号如果不是作为字符串中的字符出现,则应该在英文状态下输入;如果是作为字符串中的字符出现,则中英文状态输入都可以。

### 2.1.2 标识符

标识符由字符集中的字符按照一定的规则构成。Python 中变量、函数、文件等各种实体的名字都需要用标识符来表示。Python 规定:标识符是由字母、数字和下画线 3 种字符构成的,且第一个字符必须是字母或下画线的字符序列。

定义标识符时要注意如下几点:

① 必须以字母或下画线作为开始符号,数字不能作为开始符号,但以下画线开始的标识符一般都有特定含义,所以尽量不用以下画线开始的标识符。

② 标识符中只能出现字母、数字和下画线,不能出现其他符号。

③ 同一字母的大写和小写被认为是两个不同的字符。

④ 关键字有特定的含义,不能用作用户自定义标识符使用。

⑤ 尽可能做到见名知义,增加程序的可理解性。

在遵守以上要求的基础上,编程人员可以有自己的定义标识符的风格和习惯。后面将会结合变量、函数等不同实体的介绍,给出本书遵循的各类标识符的定义风格。

下面 3 个标识符定义是错误的:

```
3ab                    (数字开头)
x>y                    (有字符"＞"出现)
break                  (break 是关键字,稍后介绍关键字有哪些)
```

由于大小写的不同,下面是 3 个不同的标识符:

```
name  Name  NAME       (同一个程序中最好不这样定义标识符,以免混淆)
```

下面 2 个标识符虽然正确,但建议实际编写程序时不这样用:

```
xy                     (代表的含义不明确)
sum_of_scores_of_students_of_universities      (太长)
```

下面 4 个标识符比较合适:

```
area                   (表示面积)
total                  (表示累加和)
average_score          (表示平均成绩,两个单词之间用下画线连接)
totalScore             (表示总成绩,从第二个单词开始,单词首字母大写)
```

## 2.1.3　关键字

关键字又称保留字,是一类特殊的标识符,是 Python 语言规定的具有特定含义的标识符。每个关键字都有特定的作用,用户不能改变关键字的用途,即用户不能把关键字作为自定义的标识符使用。

Python 中的 33 个关键字如下:

| False | None | True | and | as | assert |
|-------|--------|----------|-------|--------|----------|
| break | class | continue | def | del | elif |
| else | except | finally | for | from | global |
| if | import | in | is | lambad | nonlocal |
| not | or | pass | raise | return | try |
| while | with | yield | | | |

建议自定义标识符也不要与 Python 内置函数名、库函数名相同,如果名字相同,虽然定义标识符时不会报错,但使用函数名时会报错。

示例:

```
>>>def=5              #报错,def 是关键字,不能用作自定义标识符
>>>print(abs(-5))     #abs()是 Python 内置函数,用于求绝对值
5                     #-5 的绝对值为 5
```

```
>>>abs=12                        #函数名可以作为自定义标识符
>>>print(abs(-5))                #报错,abs 被定义为整型变量,不再是一个函数名
```

对于关键字和函数名,一时记不住也不要紧。如果在编写程序时,自定义的标识符碰巧
和某个关键字或函数重名了,执行时系统会提示有语法错误。随着编写程序的增多以及对
Python 语言的不断熟悉,自然也就记住这些关键字和常用函数名了。

# 2.2　基本数据类型

程序的功能是处理数据,不同类型的数据有不同的存储方式和处理规则。例如,一个整
数可能需要 4 个字节的存储空间,而且以定点整数格式存储,而一个实数可能需要 8 个字节
的存储空间,且以浮点数格式存储;两个整数的求余数运算是有意义的,而两个实数的求余
数运算就没有意义。所以,在程序中首先要明确待处理数据的类型,才能使数据得以正确存
储和处理。

Python 中提供了多种数据类型,包括整型、浮点型、布尔型和字符串型等基本数据类
型,还可以以这些类型为基础,自定义列表、元组、字典、集合等组合数据类型。本节只介绍
几种常用的基本数据类型。

## 2.2.1　整型

整型就是整数类型。在 Python 中,整数有 4 种表示方式:十进制、二进制、八进制和十
六进制。默认为十进制表示,其他进制通过前缀区别:

十进制表示没有前缀,如 365,−126,78,220 等;

二进制表示以 0b 或 0B 为前缀,如 0b101,0b101101,−0B1101,0B11110001 等;

八进制表示以 0o 或 0O 为前缀,如 0o37,0o26,−0O72,0O35 等;

十六进表示以 0x 或 0X 为前缀,如 0x4F,0xA8,−0XFF5,0XA3E 等。

可以使用不同进制的数据进行计算。

示例:

```
>>>5-0x2F                        #十进制数 5 减去十六进制数 2F
-42                              #运算结果为十进制数
>>>0o57-52                       #八进制数 57 减去十进制数 52
-5                               #运算结果为十进制数
>>>0O45+0XF8                     #八进制数 45 加上十六进制数 F8
285                              #运算结果为十进制数
>>>0x6D * 0o326                  #十六进制数 6D 乘以八进制数 326
23326                            #运算结果为十进制数
```

Python 中整数的取值范围很大,理论上没有限制,实际取值受限于所用计算机的内存
容量,对于我们一般的计算足够用了。

示例:

```
>>>12345678987654321 * 12345678987654321
```

```
15241578966620942021033789971041        #运算结果
```

## 2.2.2　浮点型

浮点型就是实数类型,表示带有小数的数值(由于小数点的位置是浮动的,也称为浮点数)。Python 语言要求所有浮点数都必须带有小数,便于和整数的区别,如 6 是整数,6.0 是浮点数。虽然 6 和 6.0 值相同,但两者在计算机内部的存储方式和计算处理方式是不一样的。

浮点数有两种表示方式:十进制方式和科学计数方式。

3.14,1.44,$-1.732$,19.98,9000.0 等都是浮点数的十进制表示方式;31.4e$-1$,0.0314e2,$-173.2$E$-2$,9.0E3 等都是浮点数的科学计数表示方式,科学计数表示方式使用字母 e 或 E 代表以 10 为基数的幂运算,31.4e$-1$ 表示 $31.4 \times 10^{-1}$。

示例:

```
>>>3+2                          #两个整数相加
5                               #结果为整数
>>>3.0+2                        #浮点数加整数
5.0                             #结果为浮点数
>>>3+2.0                        #整数加浮点数
5.0                             #结果为浮点数
>>>3.1e2+3.2e5                  #浮点数加浮点数
320310.0                        #结果为浮点数
>>>5.2-3.8                      #浮点数减浮点数
1.4000000000000004              #结果为浮点数,近似值
>>>4.1-2.6                      #浮点数减浮点数
1.4999999999999996              #结果为浮点数,近似值
```

**说明**:由于浮点数在计算机内部的存储是近似值,所以浮点数的计算结果也是近似值。浮点数的取值范围和精度受不同计算机系统的限制而有所不同,但满足我们日常工作与学习的计算需要是不成问题的。

## 2.2.3　布尔型

布尔型也称为逻辑型,用于表示逻辑数据。Python 中,逻辑数据只有两个值:False(假)和 True(真)。需要注意的是,两个逻辑值的首字母大写,其他字母小写。FALSE,false,TRUE,true 等书写方式都不是正确的 Python 逻辑值。

示例:

```
>>>a=True                       #给变量赋予逻辑值 True
>>>b=False                      #给变量赋予逻辑值 False
>>>print(a,b)                   #输出逻辑变量的值
True False
>>>a=true                       #报错,true 不是正确的逻辑值
>>>b=FALSE                      #报错,FALSE 不是正确的逻辑值
```

### 2.2.4 字符串型

**1. 字符串定义**

字符串型数据用于表示字符序列,字符串常量是由一对引号括起来的字符序列。Python 中有 3 种形式的字符串:

(1) 一对单引号括起来的字符序列,如'Python'、'程序设计';

(2) 一对双引号括起来的字符序列,如"Python"、"程序设计";

(3) 一对三引号括起来的字符序列,如'''Python'''、'''程序设计'''。

几点说明如下:

① 单引号或双引号括起来的字符串只能书写在一行内,三引号括起来的字符串可以书写多行。

② 单引号括起来的字符串中可以出现双引号,双引号括起来的字符串中可以出现单引号,三引号括起来的字符串中可以出现单引号和双引号。

示例:

```
>>>print('为什么要学习"程序设计"知识')
为什么要学习"程序设计"知识
>>>print("如何培养'计算思维'")
如何培养'计算思维'
>>>print('''学习'程序设计'是培养"计算思维"的有效方式''')
学习'程序设计'是培养"计算思维"的有效方式
```

③ 字符串有两个特例,一个是单字符字符串(可称为字符),另一个是不包含任何字符的字符串(称为空字符串)。

示例:

```
str1='A'                    #只包含单个字符 A 的字符串
str2="B"                    #只包含单个字符 B 的字符串
str3=" "                    #只包含单个空格的字符串
str4=""                     #不包含任何字符的字符串
```

空格字符串和空字符串是不同的字符串,前者包含一个或多个空格,字符串长度不为 0,后者不包含任何字符,字符串长度为 0。

④ 由三引号括起来的字符序列,如果出现在赋值语句中或 print()函数内,当作字符串处理,如果直接出现在程序中,当作程序注释。

示例:

```
>>>a=12                     '''为变量赋值'''
>>>str='''Python'''         #把一个字符串赋值给变量
>>>print('''程序设计''')     #输出字符串的值
```

⑤ 在 Python 中,把用户通过 input()函数输入的内容都看作字符串,如果要当作数值处理,需要先进行相应的转换。例如:

```
>>>x=input("x=")            #为变量 x 输入值
```

```
x=12                              #在提示信息后输入 12
>>>y=input("y=")                  #为变量 y 输入值
y=36                              #在提示信息后输入 36
>>>print(x+y)                     #字符串 x 和 y 的连接
1236                              #字符串连接结果
>>>print(int(x)+int(y))           #转换为数值后相加
48                                #数值相加后结果
```

**2. 转义字符**

Python 中,以 Unicode 编码存储字符串,字符串中的单个英文字符和中文字符都看作 1 个字符。Unicode 编码表中,除了一般的中英文字符外,还有多个控制字符,要是用到这些控制符,只能写成编码值的形式。如 10 表示换行、13 表示回车等。

直接书写编码值的方式是比较麻烦的,也容易出错。为此,Python 给出了一种转义符的表示形式,以反斜杠(\)开始的符号不再是原来的意义,而是转换为新的含义。

如\n 代表换行符,\r 代表回车符等。常用转义字符及其含义见表 2.1。

表 2.1　常用转义字符及其含义

| 转义字符形式 | 编码值(十六进制) | 含　义 |
| --- | --- | --- |
| \a | 07 | 响铃 |
| \b | 08 | 退格 |
| \t | 09 | 水平制表符(移到下一个 Tab 位置) |
| \n | 0A | 换行(移到下一行的开始位置) |
| \v | 0B | 竖向跳格符(移到下一行相同位置) |
| \f | 0C | 换页(移到下一页的开始位置) |
| \r | 0D | 回车(移到本行的开始位置) |
| \" | 22 | 双引号字符 |
| \' | 27 | 单引号字符 |
| \\ | 5C | 反斜杠字符 |

无论是可显示的中英文字符,还是不可显示的控制字符,还可以用八进制或十六进制编码值的形式来表示,只是编码值前要加反斜杠(\),而且十六进制值要以 x 开始。

对于分两行来输出字符串,如下几个输出语句是等价的:

```
>>>print('Python\n 程序设计')         #转义符形式
>>>print("Python\n 程序设计")         #转义符形式
>>>print("Python\12 程序设计")        #八进制编码值形式
>>>print("Python\x0a 程序设计")       #十六进制编码值形式,要以 x 开始
```

输出结果都是如下形式:

```
Python
程序设计
```

再看几个转义字符示例如下：

```
>>>print("Python\t 程序设计")          #使用转义符\t
Python       程序设计                   #控制\t 后面字符的输出位置
>>>print(""程序设计"成绩单")           #报错,双引号中不能嵌套双引号
>>>print("\"程序设计\"成绩单")         #正确
"程序设计"成绩单                        #输出结果
>>>tf=open("d:\test.txt","wt")         #报错,"d:\test.txt"格式不对
>>>tf=open("d:\\test.txt","wt")        #正确,打开或新建"d:\test.txt"文件
```

**说明**：为简单起见，一般性的示例程序中，变量名多以单个字母形式出现。有实际功能的程序中，变量名按标识符定义风格命名。

## 2.3　常量与变量

### 2.3.1　常量

常量是指在整个程序的执行过程中其值不能被改变的量，也就是所说的常数。在用 Python 语言编写程序时，常量不需要类型说明就可以直接使用，常量的类型是由常量值本身决定的。例如，12 是整型常量、34.56 是浮点型常量、'a'和"Python"是字符串常量等。

在 Python 中，常量主要包括两大类：数值型常量和字符型常量。数值型常量，简称数值常量，常用的数值常量为整型常量和浮点型常量，即整数和实数。字符型常量就是字符串。

### 2.3.2　变量

变量是指在程序的执行过程中其值可以被改变的量。变量要先定义（赋值），后使用。

**1. 变量定义**

变量定义（赋值）格式如下：

**变量名 1,变量名 2,…,变量名 n=表达式 1,表达式 2,…,表达式 n**

功能：为各变量在内存中分配相应的内存单元并赋以相应的值。分别计算出各表达式的值，并依次赋给左边的变量。各变量名分别是一个合法的自定义标识符。在程序中变量用来存放初始值、中间结果或最终结果。

下面定义了 3 个整型变量和 2 个浮点型变量：

```
>>>i=10                                 #定义 1 个整型变量
>>>num,total=1,0                        #定义 2 个整型变量
>>>length,height=23.6,12.8              #定义 2 个浮点型变量
```

变量的类型由其所赋值的类型决定，随着赋值的改变，其类型也作相应改变。
示例：

```
>>>x=10                                 #为变量 x 赋以整型值
```

```
>>>type(x)                              #查看变量 x 的类型
<class 'int'>                           #显示变量 x 的类型为整型(int)
>>>x=12.5                               #为变量 x 赋以浮点值
>>>type(x)                              #查看变量 x 的类型
<class 'float'>                         #显示变量 x 的类型为浮点型(float)
```

在 Python 中,既可以只给一个变量赋值,也可以同时为多个变量赋值,这种同步赋值的方式对一些特定的操作是很方便的。

示例:

```
>>>a,b=10,20                            #给变量 a,b 同步赋值
>>>print(a,b)                           #输出变量 a,b 的值
10 20                                   #变量 a,b 的值分为 10 和 20
>>>a,b=b,a                              #再次给变量 a,b 同步赋值,实现两个变量值的互换
>>>print(a,b)                           #输出变量 a,b 的值
20 10                                   #变量 a,b 的值分为 20 和 10
```

**注意**:两个变量的值互换不能写成如下形式:

```
>>>a=b
>>>b=a
```

请思考这种写法的执行结果,并上机验证。

### 2. 变量的命名风格

变量名是自定义标识符的一种,当然要遵守标识符的命名规则。除此之外,为增加程序的可读性,一般约定变量名全部用小写字母,多个单词之间用下画线连接或者将非第一个单词的第一个字母大写。本书中,变量名选用多个单词之间用下画线连接的方式,如 total_weight;函数名选用将非第一个单词的第一个字母大写的方式,如 averageScore。

### 3. 特定常量定义为变量使用

上面介绍了常量与变量的区别和不同的应用场景,实际上,有些常量也可以定义为变量使用。例如,如下计算工资总额的程序:

```
AVERAGE_SALARY=7600                     #职工平均工资
num=int(input("职工人数="))              #输入职工人数
total_salary=AVERAGE_SALARY * num       #计算工资总额
print("工资总额=",total_salary)          #输出工资总额
```

**说明**:特定常量定义为变量的好处是:

① 使程序易于理解。如果遵循良好的命名规则,变量的含义很容易读懂。如上面示例中 AVERAGE_SALARY 的含义就很明确,如果在计算工资总额时直接写出常量值 7600,其含义就不是很明确。

② 使程序易于修改。对于一个常量,可能会在一个程序的多个位置出现,如果直接用常量值,需要改动该值时(如上面示例中平均工资发生了变化),需要对程序进行多处修改,还可能漏掉某个需要改动的值或把某个位置的值改错。如果定义成变量,只需要对变量的定义处进行一次改动即可。

## 2.4 运算符与表达式

运算是对数据进行处理的过程,用来表示各种不同运算的符号称为运算符。参加运算的数据称为运算对象,主要有常量、变量、函数和表达式等。一个运算符的运算对象可以有 1 个或 2 个,分别称为一元运算符和二元运算符。用运算符和括号把运算对象连接起来构成的运算式称为表达式。单个的常量、变量或函数都可以视为最简单的表达式。

Python 中提供了多种运算符,可以方便地实现各种运算。Python 提供了如下主要运算符。

(1) 算术运算符:+(加或正号)、−(减或负号)、*(乘)、/(除)、//(整除)、%(求模)、**(幂运算)。

(2) 赋值运算符:=。

(3) 关系运算符:>(大于)、>=(大于或等于)、<(小于)、<=(小于或等于)、==(等于)、!=(不等于)。

(4) 逻辑运算符:and(逻辑与)、or(逻辑或)、not(逻辑非)。

(5) 位运算符:<<(按位左移)、>>(按位右移)、&(按位与)、|(按位或)、^(按位异或)、~(按位取反)。

(6) 判断元素运算符:in、not in,用于判断某个值是否为某个组合数据的元素。

(7) 成员运算符:.(句点)用于对对象(或类)的数据成员或成员函数进行操作。

本节只介绍算术运算符、赋值运算符、位运算符及相应的表达式,其他运算符在后续相关章节介绍。

### 2.4.1 算术运算符与算术表达式

算术运算符有 7 个:+(加或正号)、−(减或负号)、*(乘)、/(除)、//(整除)、%(求模)、**(幂运算)。其中,+(正号)、−(负号)是一元运算符,其余是二元运算符,其运算规则及优先级顺序与数学中的含义相同。

由算术运算符和相应的运算对象组成的运算式称为算术表达式。例如,(x+5) * y−6 就是一个算术表达式,其中,5 和 6 是常量,x 和 y 是变量。

对于除法运算符(/),结果为浮点数。

示例:

```
>>>6/3              #两个整数相除,能够除尽且结果可以为整数
2.0                 #结果为浮点数
>>>7/2              #两个整数相除,能够除尽且结果为浮点数
3.5                 #结果为浮点数
>>>8/3              #两个整数相除,不能除尽
2.6666666666666665  #结果为浮点数
>>>7.5/3.0          #两个浮点数相除,能够除尽
2.5                 #结果为浮点数
>>>9.5/2.8          #两个浮点数相除,不能除尽
```

```
3.39285714285714322        #结果为浮点数
```

对于除法运算符(//),当两个运算对象都是整型数据时,进行的是整除运算,运算结果为整数,即商的整数部分作为运算的结果,商的小数部分被舍弃;当两个运算对象中有一个为浮点型数据时,结果就为浮点型数据。

示例:

```
>>>7//2                    #两个整数相除
3                          #结果为整数
>>>7.0//2                  #浮点数除以整数
3.0                       #结果为浮点数
>>>7//2.0                  #整数除以浮点数
3.0                       #结果为浮点数
>>>7.0//2.0                #两个浮点数相除
3.0                       #结果为浮点数
```

**说明**:虽然 7.0//2、7//2.0、7.0//2.0 的结果都为浮点数,但与 7/2 的结果值不同,7.0//2、7//2.0、7.0//2.0 的值均为 3.0,7/2 的结果值为 3.5。

对于求模数运算符(%),运算结果为两个运算对象相除后的模数。两个运算对象和运算结果都是整型数据。例如,18%5,结果为 3;18%-5,结果为-2。

## 2.4.2　赋值运算符与赋值表达式

由赋值运算符和相应的运算对象组成的运算式称为赋值表达式。

在 Python 语言中,"="称为赋值运算符,赋值表达式的组成格式如下:

**变量名=表达式**

功能:将赋值运算符右边表达式的值赋给左边的变量。例如,x=10+25 的作用是将表达式 10+25 的值 35 赋给变量 x。

赋值运算符(=)的作用不同于数学中使用的等号,它没有相等的含义。对于 x=x+1,从数学意义上讲,它是不成立的;而在 Python 语言中,它是合法的赋值表达式,其含义是取出变量 x 中的值加 1 后,再将运算结果存回到变量 x 中去。

赋值运算符的结合性为自右至左,即先进行右边的赋值运算,再进行左边的赋值运算。赋值运算符还能同时给多个变量赋值。

示例:

```
>>>a=b=10                  #给多个变量赋予相同的值
>>>print(a,b)
10 10
>>>x,y,z=6,7,8             #给多个变量分别赋予不同的值
>>>print(x,y,z)
6 7 8
```

为方便描述某些先进行运算再赋值的操作,Python 语言还提供了以下 12 种复合赋值运算符:

　　+=、-=、*=、/=、%=、//=、**=、|=、&=、^=、<<=、>>=

前 7 个复合赋值运算符是由算术运算符与赋值运算符复合而成的,用于先进行算术运算再赋值。

示例:

```
a+=3                    #等价于 a=a+3
b*=c-10*d               #等价于 b=b*(c-10*d)
e%=f+10                 #等价于 e=e%(f+10)
i//=6                   #等价于 i=i//6
j**=3                   #等价于 j=j**3
```

后 5 个复合赋值运算符是由位运算符与赋值运算符复合而成的,用于先进行位运算再赋值,这部分内容将在 2.4.5 节再作介绍。

### 2.4.3 类型转换

在表达式中,经常会遇到不同类型数据之间的混合运算。不同类型数据之间的运算是可以的,但由于不同类型数据的存储格式是不一样的,所以要先进行相应的类型转换之后,才能进行运算。这种类型转换有两种方式:一是自动类型转换,也称隐式类型转换,不需要编程人员书写相关要求,由 Python 解释器自动进行;二是强制类型转换,也称显式类型转换,需要由编程人员在程序中书写出类型转换要求。

**1. 自动类型转换**

考虑如下计算:

```
total=15+18.26
```

执行完该赋值语句,total 的值应该是多少呢?

在 Python 语言中,该赋值语句的执行过程如下:

(1) 计算赋值运算符右边表达式的值,但表达式中两个数分别是整数和实数。因为实数 18.26 的默认类型为 float,整数 15 的默认类型为 int,所以先要把 int 类型转换为 float 类型再进行计算,得到表达式的值为 float 类型的 33.26。

(2) 把表达式的值赋给左边的变量 total,由于 33.26 的类型为 float,所以变量 total 的类型为 float。

Python 提供的自动类型转换规则:算术表达式中的类型转换以保证数据的精度为准则,即精度低的数据转换为精度高的数据。整数与浮点数进行混合运算时,要把整数转换为浮点数。

**2. 强制类型转换**

如果自动类型转换不符合特定计算的需要,可由编程人员在编写程序时强行把某种类型转换为另一种指定的类型,称为强制类型转换。

强制类型转换通过如下两个函数实现:

```
int(x)
float(x)
```

int(x)函数的功能是把 x 的值转换为整型,x 为浮点数或由数字组成的字符串。

float(x)函数的功能是把 x 的值转换为浮点型,x 为整数或由数字与最多 1 个小数点组成的字符串。

例如,int(3.75)+12 的类型为 int,其值为 15,因为有强制类型转换 int(3.75);而 3.75+12 的类型为 float,其值为 15.75,因为用的是自动类型转换。

无论是自动类型转换,还是强制类型转换,只是为了完成本次运算而对相关运算对象的值的类型进行的临时转换,并不改变运算对象本身所固有的数据类型。

示例:

```
>>>x=3.14*4.5*4.5
>>>type(x)              #检测变量 x 的类型
<class 'float'>         #变量 x 的类型为浮点型(float)
>>>print(int(x))        #输出类型转换后的值,但 x 的类型不变
63
>>>print(x)             #输出 x 的值
63.585
>>>type(x)              #再次检测变量 x 的类型
<class 'float'>         #变量 x 的类型仍为为浮点型(float)
```

如果要想改变 x 的类型,应用如下赋值形式:

```
>>>x=3.14*4.5*4.5
>>>x=int(x)             #把一个整数值赋给变量 x
>>>print(x)             #输出 x 的值
63
>>>type(x)              #检测变量 x 的类型
<class 'int'>           #变量 x 的类型为整型(int)
```

## 2.4.4  eval()函数

把由纯数字组成的字符串(可由正负号开始)转换为整型,把由数字和 1 位小数点组合成的字符串(可由正负号开始,可以是指数表示形式)转化为浮点型数据,还可以使用 eval()函数。

示例:

```
>>>eval("78")
78
>>>eval("-96")
-96
>>>eval("+3.14")
3.14
>>>eval("-172.8e-2")
-1.728
```

从类型转换的角度看,一个 eval()函数的功能相当于 int()和 float()两个函数的功能。不仅如此,eval()函数还有更多、更灵活的功能。

eval()函数的语法格式如下：

**eval(字符串)**

功能：将字符串（去掉引号）的内容看作一个 Python 表达式，并计算出表达式的值作为函数的结果。字符串以单引号、双引号、三引号形式书写都可以。

示例：

```
>>>eval('6+5')                      #单引号字符串
11
>>>eval("7.5-9.8")                  #双引号字符串
-2.3000000000000007
>>>eval("'3.14*5*5'")               #三引号字符串
78.5
>>>eval('"Python程序设计"')          #把单引号中的内容看作一个字符串
'Python程序设计'
>>>a,b=3,5
>>>eval("a*6+b")                    #带变量的表达式,变量要先定义
23
>>>eval("x+6")
Traceback (most recent call last):
  File "<pyshell#7>", line 1, in<module>
    eval("x+6")
  File "<string>", line 1, in<module>
NameError: name 'x' is not defined
```

eval("x+6")将 x+6 看作表达式，由于 x 没有定义，所以给出上面的错误提示信息（x没有定义）。

eval()函数给表达式的计算带来了方便，如下的语句相当于一个功能强大的计算器，可以计算出用户输入的算术表达式的结果值：

```
>>>print(eval(input("表达式=")))
表达式=3.14*5*5                      #输入表达式 3.14*5*5
78.5                                #计算结果
>>>print(eval(input("表达式=")))
表达式=(78+82+96)//3                 #输入表达式 (78+82+96)//3,可以带括号
85                                  #计算结果
>>>print(eval(input("表达式=")))
表达式=95.2-36.8-6.9                 #输入表达式 95.2-36.8-6.9
51.50000000000001                  #计算结果
```

## 2.4.5  位运算符与位运算表达式

在 Python 语言中，有 6 个位运算符（～、&、|、^、<<、>>）用于组成位运算表达式。其中，～是一元运算符，其他 5 个是二元运算符。6 个运算符的共同特点是对运算对象在二进制表示形式上按位进行操作。

**1. 按位取反（～）**

按位取反运算的功能是对运算对象的每个二进制位取反。

例如，117 的二进制表示为 01110101，所以 ～117 的结果为 10001010（某个数的补码），写成十进制形式为 −118，即 ～117＝−118。

**2. 按位与（＆）**

按位与运算的功能是对两个运算对象的对应二进制位进行逻辑与操作，操作规则为：若两个运算对象的对应位均为 1，则结果的对应位为 1，否则为 0。

例如，29、83 的二进制形式分别为 00011101、01010011。

所以，29＆83 的二进制形式为 00010001，写成十进制为 17，即 29＆83＝17。

**3. 按位或（｜）**

按位或运算的功能是对两个运算对象的对应二进制位进行逻辑或操作，操作规则为：若两个运算对象的对应位均为 0，则结果的对应位为 0，否则为 1。

例如，29、83 的二进制形式分别为 00011101、01010011。

所以，29｜83 的二进制形式为 01011111，写成十进制为 95，即 29｜83＝95。

**4. 按位异或（＾）**

按位异或运算的功能是对两个运算对象的对应二进制位进行异或操作，操作规则为：若两个运算对象的对应位相同，则结果的对应位为 0，否则为 1。

例如，29、83 的二进制形式分别为 00011101、01010011。

所以，29＾83 的二进制形式为 01001110，写成十进制为 78，即 29＾83＝78。

**5. 按位左移（＜＜）**

按位左移的功能是根据右运算对象的值对左运算对象左移若干位，每移一位，在右端补一个 0。

例如，23 的二进制形式为 00010111，所以 23＜＜2 的二进制形式为 01011100，写成十进制为 92，即 23＜＜2＝92。

左移一位相当于乘以 2。

**6. 按位右移（＞＞）**

按位右移的功能是根据右运算对象的值对左运算对象右移若干位。每移一位，在左端补一个 0 或 1：如果左运算对象是无符号类型，则左端补 0；如果左运算对象是有符号类型，Python 规定移位前最高位为 0 补 0，移位前最高位为 1 补 1，以保持符号位不变。

例如，108 的二进制形式为 01101100，所以 108＞＞2 的二进制形式为 00011011，写成十进制为 27，即 108＞＞2＝27。

再如，−108 的二进制形式为 10010100（补码表示），所以 −108＞＞2 的二进制形式为 11100101（补码表示），写成十进制为 −27，即 −108＞＞2＝−27。

右移一位相当于除以 2。

关于位运算，需要注意如下几点：

① 各个位运算符的优先级从高到低依次是 ～、＜＜和＞＞、＆、｜、＾。

例如，～a＜＜n｜b＆c 等价于((～a)＜＜n)｜(b＆c)。

② 位运算的主要作用是对某个(些)位清 0 或置 1,或对某个数乘以(或除以)2。

示例:

```
>>>a,b,c,d,e=582,7863,29,192,3216
>>>a=a&0xFFF0            #低 4 位清 0,高 12 位保持不变
>>>b=b|0xF000           #高 4 位置 1,低 12 位保持不变
>>>c=c^0x00FF           #低 8 位取反,高 8 位不变
>>>d=d<<3               #乘以 2³
>>>e=e>>4               #除以 2⁴
```

和位运算有关的复合运算符有 $\&=$、$|=$、$^\wedge=$、$<<=$、$>>=$,其作用是先进行相应的位运算,再进行赋值操作。

示例:

```
>>>a,b,c=24,38,59
>>>a<<=3                #等价于 a=a<<3
>>>b&=c                 #等价于 b=b&c
```

## 2.5　变量定义与使用

### 2.5.1　内存单元的访问方式

计算机的功能是进行数据处理,内存用来存放数据。计算机的整个内存空间分为若干字节单元,每个字节单元有一个编号,称为内存单元的地址。在机器语言和汇编语言中,用地址来访问存储数据的内存单元。在高级语言中,有了变量名这种符号地址,可以通过变量名来访问内存单元,比用地址方式访问简单、方便。这好比一个办公楼,有若干办公室,每个办公室有一个房间号和办公室名牌(房间号和办公室名牌都不重复),很显然,工作人员通过办公室名到各办公室取送文件,要比通过房间号简单、方便。

对某个内存单元的访问,既可以直接访问,也可以间接访问。所谓直接访问,就是直接知道存放数据的内存单元的地址或符号地址(变量名),通过内存单元的地址或符号地址(变量名)存取该单元中的数据。所谓间接访问,就是不知道存放数据的内存单元的地址,但知道存放数据的内存单元的地址存放在另外的某个内存单元,并且知道这个单元的地址或符号地址(变量名),这个地址称为数据所在单元的间接地址,通过这个间接地址存取指定内存单元中的数据。对于到某办公室取送文件,类似的直接访问和间接访问描述如下:

直接访问:把文件 F001 送到统计室。

间接访问:把文件 F001 送到值班室办公桌上纸条所写的房间。

C 语言等高级语言中的变量用的是直接访问方式,Python 语言用的是间接访问方式。

### 2.5.2　C 语言的变量定义与使用

在 C 语言等高级语言中,变量要先定义、赋值,然后才能使用。例如,C 语言中几个变量的定义与使用如下:

```
1  int a,b;              //定义整型(int)变量 a 和 b
2  double x,y;           //定义浮点型(double)变量 x 和 y
3  a=10;                 //给变量 a 赋值
4  x=26.8;               //给变量 x 赋值
5  b=a * a;              //使用变量 a 的值,计算结果赋给变量 b
6  y=x * x;              //使用变量 x 的值,计算结果赋给变量 y
7  a=37.2;               //重新为变量 a 赋值
8  x=20;                 //重新为变量 x 赋值
```

针对 C 语言变量的几点说明如下：

① 变量要先定义、赋值,才能使用。变量定义的作用是规定出变量的名字和类型,明确了类型,编译器才能确定为相应的变量分配多少个内存单元,如为整型(int)变量分配 4 个字节单元、为浮点型(double)变量分配 8 个字节单元等。变量的类型由类型符确定,如第 1 行的类型符为 int,所以定义的变量 a 和 b 都为整型(int)变量,第 2 行的类型符为 double,所以定义的变量 x 和 y 都为浮点型。

② 变量名代表了变量所对应内存单元的地址。定义一个变量,编译器就会在可用内存空间给变量分配一定的内存单元,访问这些内存单元,可以用变量名,比直接用内存单元的地址简单、方便。

③ 给变量赋值,就是把值存入变量所对应的内存单元中,之后可以通过变量名来使用和改变内存单元中的值。通过变量名对相应内存单元的访问是直接访问。

④ 变量类型一旦定义,在其作用域范围内,变量的类型是不可改变的,变量名所代表的内存单元也不可改变。例如,示例中的 a＝37.2 是对已有整型变量 a 的使用,所以存入变量 a 的值为整数 37,不是重新定义浮点型变量 a。

变量定义的内存分配示意如图 2.1 所示。

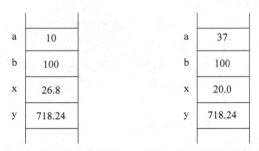

(a) 执行完前6条语句的存储情况　　(b) 执行完8条语句后的存储情况

**图 2.1　C 语言变量定义存储示意图**

**说明：**

① 执行完前 6 条语句,定义了两个整型变量 a、b 和两个浮点型变量 x、y,并分别赋予了适当的值,变量所代表的内存单元中直接存放了相应的数值。

② 第 7 条语句重新给变量 a 赋值 37.2,由于 a 是整型变量(一经定义,在其作用域范围内不可改变),所以对 37.2 取整后赋给变量 a,实际存入的是整数 37。同样,赋给变量 x 的是浮点数 20.0。

也可以在定义变量的同时赋以初值,之后使用变量。上面的示例可以改写如下:

```
1   int a=10,b;              //定义整型(int)变量 a 和 b,同时给变量 a 赋值
2   double x=26.8,y;         //定义浮点型(double)变量 x 和 y,同时给变量 x 赋值
3   b=a*a;                   //使用变量 a 的值,计算结果赋给变量 b
4   y=x*x;                   //使用变量 x 的值,计算结果赋给变量 y
5   a=37.2;                  //重新为变量 a 赋值
6   x=20;                    //重新为变量 x 赋值
```

### 2.5.3　Python 语言的变量定义与使用

Python 语言中变量的定义与使用与 C 语言不同,类似的功能在 Python 语言中书写如下:

```
1   a=10               #给变量 a 赋值整数 10,变量 a 的类型为整型
2   b=a*a              #给变量 b 赋值 a*a,变量 b 的类型为整型
3   x=26.8             #给变量 x 赋值浮点数 26.8,变量 x 的类型为浮点型
4   y=x*x              #给变量 y 赋值 x*x,变量 y 的类型为浮点型
5   a=37.2             #重新定义 a 为浮点型变量
6   x=20               #重新定义 x 为整型变量
```

**说明:**

① 在 Python 中,没有专门的变量定义形式,对变量的赋值就是对变量的定义,变量的类型由所赋予的值确定,如第 1 行定义的变量 a 为整型,第 2 行定义的变量 x 为浮点型。

② 在 Python 中,通过赋值的形式定义一个变量,解释器不是为变量分配内存单元,而是为所赋予的值分配内存单元,变量代表的是值所在内存单元地址所在单元的地址,通过变量名对值所在单元的访问是间接访问。

③ 在 Python 中,由于变量名不是直接代表值所在单元的地址,而是间接代表值所在单元的地址,所以变量的类型是可以改变的,用于存放值的单元个数也是可以改变的,因为存入变量名所代表单元的不是值本身,而是值所在单元的地址,不同单元的地址值占用内存单元的个数是固定的。第 5 行不是对已有变量的使用,而是重新定义浮点型变量 a,第 6 行是重新定义整型变量 x。

变量定义的内存分配示意如图 2.2 所示。

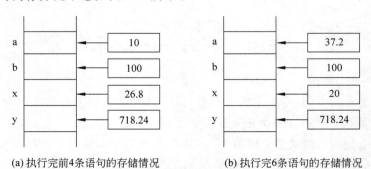

(a) 执行完前4条语句的存储情况　　　　(b) 执行完6条语句的存储情况

**图 2.2　Python 语言变量定义存储示意图**

说明：

① 执行完前 4 条语句后，4 个值都存入了相应的单元，并把 4 个值所在单元的地址分别赋给变量 a、b、x、y。

② 第 5 条语句的作用是：为浮点数 37.2 分配存储单元，并把该单元的地址赋给变量 a，之后再使用变量 a，得到的是浮点数 37.2；同样，执行完第 6 条语句，再使用变量 x 时，得到的是正整数 20。

对比图 2.1 和图 2.2 及相应的说明，读者可仔细体会 C 语言变量定义与 Python 变量定义在存储上的不同：C 语言中的变量类型一经确定不能改变，而 Python 语言中的变量类型根据需要随时可以改变。

# 2.6　计算机中的数据表示

计算机的功能是进行数据处理（信息处理），目前的计算机不仅能处理数值型数据，还能处理非数值型数据，包括英文字符、汉字、图像、音频和视频等多种媒体数据。数据在计算机中的表示与存储是数据处理的基础。

## 2.6.1　计算机中的数制

### 1. 基本概念

按进位的原则进行计数称为进位计数制，简称"数制"。日常生活中，人们习惯于用十进制进行计数。但在计算机内部，为了便于数据的表示和计算，采用二进制计数方法。二进制数在计算机中易于表示（只有 0 和 1 两种形式）、易于存储，但二进制数的不足是表示一个数所需位数太多，人们阅读、书写、记忆等不太方便。例如，十进制数 $(1000)_{10}$ 用二进制数表示则需要 10 位二进制数字 $(1111101000)_2$。为了便于阅读和书写，在编写程序时，也经常使用十进制数、八进制数和十六进制数。

不同数制有不同的基数和位权。

1）基数

每种数制中数码的个数称为该数制的基数。例如，二进制中只有两个数码（0 和 1），则其基数为 2，计算时逢 2 进 1；十进制中有 10 个数码（0、1、2、3、4、5、6、7、8、9），则其基数为 10，计算时逢 10 进 1。

2）位权

在每种数制中，一个数码所处位置的不同，代表的数值大小也不同，具有不同的位权。例如，十进制数 9999，最左边的 9 代表 9 千，最右边的 9 代表 9 个。这就是说，该数从右向左的位权依次是个位（$10^0$）、十位（$10^1$）、百位（$10^2$）和千位（$10^3$）。

人们在编写程序时，根据需要可以用二进制、十进制、八进制或十六进制来书写数据，但在计算机内部，只能以二进制形式表示和存储数据。所以，计算机在运行程序时，经常需要先把其他进制转换成二进制再进行处理，处理结果（二进制形式）在输出前再转换成其他进制，以方便用户阅读和使用。表 2.2 给出了常用数制的基数和所需要的数码，表 2.3 给出了常用数制的表示方法。

表 2.2    常用数制的基数和数码

| 数 制 | 基 数 | 数 码 |
|---|---|---|
| 二进制 | 2 | 0  1 |
| 八进制 | 8 | 0  1  2  3  4  5  6  7 |
| 十进制 | 10 | 0  1  2  3  4  5  6  7  8  9 |
| 十六进制 | 16 | 0  1  2  3  4  5  6  7  8  9  A  B  C  D  E  F |

表 2.3    常用数制的表示方法

| 十进制数 | 二进制数 | 八进制数 | 十六进制数 |
|---|---|---|---|
| 0 | 0 | 0 | 0 |
| 1 | 1 | 1 | 1 |
| 2 | 10 | 2 | 2 |
| 3 | 11 | 3 | 3 |
| 4 | 100 | 4 | 4 |
| 5 | 101 | 5 | 5 |
| 6 | 110 | 6 | 6 |
| 7 | 111 | 7 | 7 |
| 8 | 1000 | 10 | 8 |
| 9 | 1001 | 11 | 9 |
| 10 | 1010 | 12 | A |
| 11 | 1011 | 13 | B |
| 12 | 1100 | 14 | C |
| 13 | 1101 | 15 | D |
| 14 | 1110 | 16 | E |
| 15 | 1111 | 17 | F |
| 16 | 10000 | 20 | 10 |

**2. 书写规则**

为了便于区分各种数制的数据,常采用如下方法进行书写:

(1) 在数字前面或后面加写相应的前缀或后缀,这种方式便于计算机识别。

① 在汇编语言程序中加写后缀。

B(Binary)——表示二进制数,二进制数的 101 可写成 101B。

O(Octonary)——表示八进制数,八进制数的 101 可写成 101O 或 101Q(由于字母 O 与数字 0 容易混淆,常用 Q 代替 O)。

D(Decimal)——表示十进制数,十进制数的 101 可写成 101D(D 可省略)。

H(Hexadecimal)——表示十六进制数,十六进制数 101 可写成 101H。

② 在 Python 程序中加写前缀。

0——以数字 0 为前缀,表示八进制数,如 027 是八进制数。

0x——以数字 0 和字母 x 为前缀,表示十六进制数,如 0x2B36 是十六进制数。

(2) 在括号外面加数字下标,这种方式便于人工阅读。

$(101)_2$——表示二进制数的 101。

$(101)_8$——表示八进制数的 101。

$(101)_{10}$——表示十进制数的 101,十进制数可省略下标。

$(101)_{16}$——表示十六进制数的 101。

**3. 各种数制之间的转换**

二进制数转换成十进制数,按权展开相加即可。二进制数转换成八进制数时,以小数点为界,分别向左向右分成 3 位一组,不够 3 位补 0,分完组后对应成八进制数。二进制数转换成十六进制数时,以小数点为界,分别向左向右分成 4 位一组,不够 4 位补 0,对应成十六进制数。

【例 2.1】 把二进制数 $(1011001.10111)_2$ 转换成十进制、八进制和十六进制数。

$$(1011001.10111)_2 = 1 \times 2^6 + 1 \times 2^4 + 1 \times 2^3 + 1 \times 2^0 + 1 \times 2^{-1}$$
$$+ 1 \times 2^{-3} + 1 \times 2^{-4} + 1 \times 2^{-5}$$
$$= 64 + 16 + 8 + 1 + 0.5 + 0.125 + 0.0625 + 0.03125 + 0.015625$$
$$= (99.734375)_{10}$$

$$(1011001.10111)_2 = (001 \quad 011 \quad 001 \quad . \quad 101 \quad 110)_2$$
$$= (131.56)_8$$

$$(1011001.10111)_2 = (0101 \quad 1001 \quad . \quad 1011 \quad 1000)_2$$
$$= (59.B8)_{16}$$

十进制数转换成二进制数,先把十进制数分解成若干个数相加,每个数都是 2 的若干次幂,然后对应成二进制数。八进制数转换成二进制数时,每一个八进制位展开成 3 个二进制位即可。十六进制数转换成二进制数时,每一个十六进制位展开成 4 个二进制位即可。

【例 2.2】 把十进制数 $(98.75)_{10}$、八进制数 $(276.15)_8$、十六进制数 $(3AC.1E)_{16}$ 分别转换成二进制数。

$$(98.75)_{10} = 64 + 32 + 2 + 0.5 + 0.25 = (1100010.11)_2$$
$$(276.15)_8 = (010 \quad 111 \quad 110.001 \quad 101)_2 = (10111110.001101)_2$$
$$(3AC.1E)_{16} = (0011 \quad 1010 \quad 1100.0001 \quad 1110)_2 = (1110101100.0001111)_2$$

## 2.6.2　数值型数据的表示

对于无符号的整型数值型数据,无论用何种进制书写,都可以按照一定的规则转换成二进制形式在计算机内部表示和存储。我们知道,任何符号在计算机内部都只能以二进制形式表示,包括带符号数中的正、负号及小数中的小数点都以二进制形式表示。在计算机内部将数值型数据全面、完整地表示成一个二进制数(机器数),应该考虑 3 个因素:机器数的范围、机器数的符号和机器数中小数点的位置(定点数和浮点数)。

### 1. 机器数的范围

机器数的表示范围由 CPU 中的寄存器决定。如果使用的是 16 位的寄存器，则字长为 16 位，一个无符号整数的最大值是 $(1111111111111111)_2 = (65535)_{10}$，机器数的范围为 0～65535。也就是说，对于 16 位寄存器，只能表示 0～65535 的无符号整数，超过 65535 的数要用多个寄存器表示。对于带符号数，8 位寄存器的表示范围是 −128～+127，16 位寄存器的表示范围是 −32768～+32767。

### 2. 机器数的符号

在计算机内部，任何数据（符号）都只能用二进制的两个数码 0 和 1 来表示。带符号数的表示也是如此，除了用 0 和 1 的组成的数字串来表示数值的绝对值大小之外，其正、负号也必须用 0 和 1 来表示。通常规定最高位为符号位，并用 0 表示正，用 1 表示负。在一个字长为 8 位的计算机中，数据的表示如图 2.3 所示。

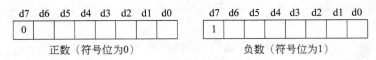

图 2.3　带符号数据的表示

最高位 d7 为符号位，d6～d0 为数值位。这种把符号数字化，并和数值位一起编码的方法，有效地解决了带符号数的表示及计算问题，通常有原码、反码和补码三种不同的具体表示形式，补码比较容易实现带符号数的算术运算。

【例 2.3】　求 +57 和 −57 的原码、反码和补码。

无符号十进制数 57 的二进制形式为 111001。

+57 的原码表示为 00111001（正数的原码最高位为 0，数值位补足 7 位）。

−57 的原码表示为 10111001（负数的原码最高位为 1，数值位补足 7 位）。

+57 的反码表示为 00111001（正数的反码与其原码相同）。

−57 的反码表示为 11000110（负数的反码，符号位不变，数值位为原码数值位取反）。

+57 的补码表示为 00111001（正数的补码与其原码相同）。

−57 的补码表示为 11000111（负数的补码在其反码的末尾加 1）。

### 3. 定点数和浮点数

在计算机内部表示小数点比较困难，人们把小数点的位置用隐含的方式表示。隐含的小数点位置可以是固定的，也可以是变动的，前者称为定点数，后者称为浮点数。

1）定点数

在定点数中，小数点的位置一旦确定就不再改变。定点数中又有定点整数和定点小数之分。

小数点的位置约定在最低位的右边，用来表示定点整数，如图 2.4 所示。小数点的位置约定在符号位之后，用来表示小于 1 的定点小数，如图 2.5 所示。

2）浮点数

如果要处理的数既有整数，也有小数，则难以用定点数表示。对此人们采用浮点数的表示方式，即小数点位置不固定。

图 2.4　计算机内的定点整数

图 2.5　计算机内的定点小数

将十进制数 785.2、−75.82、0.07582、−0.007582 用指数形式表示,它们分别可以表示为 $0.7582 \times 10^3$、$−0.7582 \times 10^2$、$0.7582 \times 10^{-1}$、$−0.7582 \times 10^{-2}$。

可以看出,在原数据中无论小数点前后各有几位数,它们都可以用一个纯小数(称为尾数,有正负之分)与 10 的整数次幂(称为阶码,也有正负之分)的乘积形式来表示,这就是浮点数的表示法。

同理,一个二进制数 N 也可以表示为:$N = \pm S \times 2^{\pm P}$。其中,N、P、S 均为二进制数。S 称为 N 的尾数,即全部的有效数字(数值小于 1),S 前面的 ± 号是尾数的符号;P 称为 N 的阶码(通常是整数),即指明小数点的实际位置,P 前面的 ± 号是阶码的符号。

在浮点数表示中,尾数的符号和阶码的符号各占一位,阶码是定点整数,阶码的位数决定了所表示的浮点数的范围,尾数是定点小数,尾数的位数决定了浮点数的精度。阶码和尾数都可以用补码表示。在字长有限的情况下,浮点数表示方法既能扩大数的表示范围,又能保证一定的有效精度。

【例 2.4】　如果计算机的字长为 8 位,一个字长内,带符号数的表示范围为 −128～＋127。如果用浮点数,可以表示出 256。256 写成浮点数形式如下:

$$256 = (100000000)_2 = 0.10 \times 2^{1001}$$

用一个 8 位字长表示,阶码数值位为 1001,符号位为 0,共 5 位;尾数为 10,符号位为 0,共 3 位。合起来就是 01001010B。

## 2.6.3　字符型数据的编码表示

计算机不仅能处理数值型数据,还能处理字符型数据,例如英文字母、标点符号、汉字等。对于数值型数据,可以按照一定的转换规则转换成二进制数在计算机内部存储;但对于字符型数据,没有相应的转换规则可以使用。人们可以规定每个字符对应的二进制编码形式,但这种规定要科学、合理,才能得到多数人的认可和使用。当用户输入一个字符时,系统自动地将用户输入字符按编码的类型转换为相应的二进制形式存入计算机存储单元中。在输出过程中,再由系统自动地将二进制编码数据转换成用户可以识别的数据格式输出给用户。

### 1. 英文字符表示

常用的英文字符型数据编码方式主要有 ASCII 码、EBCDIC 码等,前者主要用于小型计算机和微型计算机,后者主要用于超级计算机和大型计算机。

ASCII 码,即美国标准信息交换码(American Standard Code for Information Interchange,ASCII)。ASCII 码包括 32 个通用控制字符(最左边两列)、10 个十进制数码、

52 个英文大小写字母和 34 个专用符号(标点符号等),共 128 个符号,故需要用 7 位二进制数进行编码。通常使用一个字节(8 个二进制位)表示一个 ASCII 码字符,规定其最高位总是 0,后 7 位为实际的 ASCII 码。表 2.4 为 ASCII 码编码表。

表 2.4　7 位 ASCII 码编码表

| $b_7 b_6 b_5$ $b_4 b_3 b_2 b_1$ | 000 | 001 | 010 | 011 | 100 | 101 | 110 | 111 |
|---|---|---|---|---|---|---|---|---|
| 0000 | | | 空格 | 0 | @ | P | ` | p |
| 0001 | | | ! | 1 | A | Q | a | q |
| 0010 | | | " | 2 | B | R | b | r |
| 0011 | | | # | 3 | C | S | c | s |
| 0100 | | | $ | 4 | D | T | d | t |
| 0101 | | | % | 5 | E | U | e | u |
| 0110 | | | & | 6 | F | V | f | v |
| 0111 | 32 个控制字符 | | ` | 7 | G | W | g | w |
| 1000 | | | ( | 8 | H | X | h | x |
| 1001 | | | ) | 9 | I | Y | i | y |
| 1010 | | | * | : | J | Z | j | z |
| 1011 | | | + | ; | K | [ | k | { |
| 1100 | | | , | < | L | \ | l | | |
| 1101 | | | — | = | M | ] | m | } |
| 1110 | | | . | > | N | ^ | n | ~ |
| 1111 | | | / | ? | O | _ | o | DEL |

【例 2.5】　写出英文单词 Computer 的 ASCII 码值。

Computer 的二进制形式书写的 ASCII 编码如下:

01000011　01101111　01101101　01110000　01110101　01110100　01100101
01110010

在计算机中占用 8 个字节,即一个字符占用一个字节。写成十六进制形式如下:

43　6F　6D　70　75　74　65　72

由于标准 ASCII 码字符集字符个数有限,往往无法满足实际应用的要求。为此,国际标准化组织又将 ASCII 码字符集扩充为 8 位代码,即扩展 ASCII 码(Extended ASCII)。这样,ASCII 码的字符集可以扩充 128 个字符,也就是使用 8 位扩展 ASCII 码能为 256 个字符提供编码。这些扩充字符的编码均为高位为 1 的 8 位代码(对应十进制数 128~255),称为扩展 ASCII 码。扩展 ASCII 码所增加的字符包括文字和一些图形符号,例如 ü、é、丄、Ω、√、▨、▬等。

**2. 汉字表示**

西文字符不多，用 7 个二进制位编码就可以表示了。汉字字符远比西文要多，因此汉字字符集至少要用两个字节进行编码。两个字节可以表示 $256 \times 256 = 65536$ 种不同的符号。典型的汉字编码有 GB2312、Unicode 编码等。

1）国标码和机内码

1980 年，我国公布了《通用汉字字符集（基本集）及其交换码标准》国家标准 GB2312—1980，简称国标码，也称汉字交换码，它规定每个汉字编码由两个字节构成，实际共定义了 6763 个常用汉字和 682 个符号，未能覆盖繁体中文字、部分人名、方言、古汉语等方面出现的罕用字。为了进一步满足信息处理的需要，在国标码的基础上，2000 年 3 月，我国又推出了《信息技术信息交换用汉字编码字符集基本集的扩充》新国家标准 GB18030—2000，共收录了 27000 多个汉字。GB18030 的最新版本是 GB18030—2005，以汉字为主并且包含多种我国少数民族文字，收入汉字 70000 多个。

在 GB2312—1980 中，国标码占两个字节，每个字节最高位仍为 0；英文字符的机内码是 7 位 ASCII 码，最高位也是 0，这样就使计算机内部处理存在问题。为了区分两者是汉字编码还是 ASCII 码，引入了汉字机内码（机器内部编码）。

机内码在国标码的基础上每个字节的最高位由 0 变为 1。这样，对于中英文混排的文档，若某个字节的最高位为 0，则认为是某个英文字符的 ASCII 码，反之，若某个字节的最高位为 1，则可认为是汉字编码的一部分，紧接着还应该有一个最高位为 1 的字节值。

2）Unicode 编码与 UTF-8

随着互联网的快速发展，需要满足跨语言、跨平台进行文本转换和处理的要求，还要与 ASCII 码兼容，因此 Unicode 诞生了。Unicode（统一码、万国码、单一码）用 4 个字节，为每种语言中的每个字符设定了统一并且唯一的二进制编码，以满足跨语言、跨平台进行文本转换和处理的要求。

Unicode 的优点是包括了所有语言的字符，但也有其不足。我们知道，英文字母只用一个字节表示就够了，如果 Unicode 统一规定每个符号用 4 个字节表示，那么每个英文字母前都必然有 3 个字节是 0，这对于存储空间来说是很大的浪费，文本文件的大小会因此大出二三倍，这是难以接受的。

Unicode 在很长一段时间内无法推广，直到互联网的出现。为解决 Unicode 如何在网络上传输的问题，于是面向网络传输的多种通用字符集传输格式（UCS Transfer Format，UTF）标准出现了，UCS 是 Universal Character Set（通用字符集）的缩写形式。UTF-8 是在互联网上使用最为广泛的一种 Unicode 的实现方式，它每次可以传输 8 个数据位。变长编码方式是 UTF-8 的最大特点，它可以使用 1～4 个字节表示一个符号，根据不同的符号而变化字节长度。当字符在 ASCII 码的范围时，就用一个字节表示，保留了 ASCII 字符一个字节的编码作为它的一部分。需要注意的是，Unicode 的一个中文字符占 2 个字节，而 UTF-8 的一个中文字符占 3 个字节。从 Unicode 到 UTF-8 并不是直接对应的，而是要经过一些算法和规则的转换。

**习 题 2**

1．什么是标识符？标识符的作用是什么？定义标识符时应注意什么？

2．不同类型之间的数据进行运算，为什么要先进行类型转换？有哪些转换方式？

3．当在 Python 程序中看到一个三引号括起来的字符序列时，如何区别其是一个字符串，还是一条注释？

4．编写程序，输入一个 3 位正整数，按逆序输出其值。例如，输入 268，则输出 862。

5．编写程序，输入一个大写字母，转换为对应的小写字母后输出。

# 第3章 语句与结构化程序设计

Python 程序是由语句构成的,有的语句完成一个具体的数据处理功能,有的语句控制程序的执行流程。为了让计算机完成一项任务,需要描述完成任务的一系列工作步骤,每一步的工作都由语句来体现。语句是 Python 程序的重要组成部分,它表示程序执行的步骤,实现程序的功能。

结构化程序设计方法是一种规范的面向过程的程序设计方法,结构化程序由顺序结构、分支结构和循环结构 3 种基本结构组成。

## 3.1 功能语句与顺序结构程序设计

### 3.1.1 赋值语句

赋值语句的语法格式如下:

**变量名 1,变量名 2,…,变量名 n=表达式 1,表达式 2,…,表达式 n**

一个赋值语句可以给一个变量赋值,也可以同时给多个变量赋值,可以赋以常量值,也可以赋以表达式的值。

示例:

```
>>>r=1024                    #给一个变量赋以整型值
>>>pi=3.14                   #给一个变量赋以浮点值
>>>l=2 * pi * r              #把计算结果赋值给变量
>>>k=True                    #给一个变量赋以布尔值
>>>n=int(input("n="))        #把通过键盘输入的值赋给变量
>>>a=b=c=100                 #给多个变量赋以相同的值
>>>x,y,z=3.8,25,"Python"     #给多个变量分别赋以不同的值
```

### 3.1.2 空语句

在 Python 中,空语句的语法格式如下:

**pass**

空语句在语法上是一条语句,但没有任何实际功能。在本章将要介绍的分支结构和循环结构中,如果一时不知道分支语句块和循环体语句块如何写,可以先用空语句 pass 代替,以保持程序语法的正确,此时可以执行程序测试其他部分的功能。如果空着,执行时会报错。另外,在第 8 章将会介绍,当需要定义一个什么都不做的空函数时(定义基类时有时需

要定义空函数),函数体不能为空,也需要写上一个 pass 语句。

### 3.1.3 顺序结构程序设计

结构化程序设计方法强调程序结构的清晰性,结构化程序由 3 种基本结构组成,分别是顺序结构、分支结构和循环结构。

顺序结构是结构化程序设计中最简单的一种程序结构。在顺序结构程序中,程序的执行是按照语句出现的先后次序顺序执行的,并且每个语句都会被执行到,如图 3.1 所示。

【例 3.1】 通过键盘输入圆的半径,计算圆的面积和周长并输出。

问题分析:编写解决该问题的程序要用到 4 个浮点型变量,r 用于存放从键盘输入的圆的半径值,pi 用于存放常量 π 的值,计算出的圆的周长存入变量 peri,圆的面积存入变量 area。

图 3.1 顺序结构

```
#P0301.py
r=float(input("请输入圆的半径值: "))
pi=3.14
peri=2*pi*r
area=pi*r*r
print("周长=",peri)
print("面积=",area)
```

这是一个典型的顺序结构程序,程序执行时,按书写顺序依次执行程序中的每一条语句块。一个语句块可以由若干条语句组成,也可以只包括一条语句。

## 3.2 分支语句与分支结构程序设计

分支结构又称选择结构。在分支结构中,要根据逻辑条件的成立与否,分别选择执行不同的语句,完成不同的功能。分支结构是通过分支语句来实现的,Python 语言中分支语句包括 if 语句、if-else 语句和 if-elif-else 语句。分支语句也称为条件语句,其中要用到关系表达式和逻辑表达式。

### 3.2.1 关系表达式和逻辑表达式

关系表达式和逻辑表达式的运算结果为逻辑值真(True)或假(False),关系表达式也可以看作简单的逻辑表达式。

**1. 关系运算符与关系表达式**

在 Python 中,有 6 个关系运算符,可分为两类:大小判断和相等判断。

大小判断运算符有 4 个:>(大于)、>=(大于或等于)、<(小于)、<=(小于或等于)。

相等判断运算符有 2 个:==(等于)、!=(不等于)。

用关系运算符连接运算对象所形成的表达式称为关系表达式。

例如,数学中的 x≥10 可以写成 Python 中的关系表达式 x>=10,y≠6 可以写成 y!=6。

关系表达式的运算结果是逻辑值真或假,分别用 True 和 False 表示。也就是说,如果表达式成立,则表达式的结果为 True(表示真);如果表达式不成立,则表达式的结果为 False(表示假)。

表达式 10>5 的结果为 True,而表达式 10<5 的结果为 False。执行赋值语句:

```
>>>a=(10<=20)
>>>b=(10>20)
```

a 和 b 的值分别为 True 和 False。

**注意:**

① 判断相等要用两个等号(==),不能用单个等号(=)。

② 如果关系运算符由两个符号组成(如>=),这两个符号之间不能出现空格。

**2. 逻辑运算符与逻辑表达式**

关系运算能够进行比较简单的判断。如前所述,数学中的 score≥60 可以写成 score>=60。如果要进行比较复杂的判断,如数学中的 score1≥60 且 score2≥90,就需要用到逻辑运算符把多个关系表达式连接在一起,形成逻辑表达式。

在 Python 中,有 3 个逻辑运算符:and(逻辑与)、or(逻辑或)、not(逻辑非)。其中,and 和 or 是双目运算符号,not 是单目运算符号。3 种逻辑运算的运算规则如表 3.1 所示。

表 3.1　逻辑运算规则

| x | y | not x | not y | x and y | x or y |
|---|---|---|---|---|---|
| False | False | True | True | False | False |
| False | True | True | False | False | True |
| True | False | False | True | False | True |
| True | True | False | False | True | True |

3 种逻辑运算符的运算规则可以描述如下。

(1) and(逻辑与):当两个运算对象有 1 个为 False,则结果为 False;当两个运算对象都为 True 时,结果为 True。

(2) or(逻辑或):当两个运算对象有 1 个为 True,则结果为 True;当两个运算对象都为 False 时,结果为 False。

(3) not(逻辑非):当运算对象为 False 时,则结果为 True;当运算对象为 True 时,则结果为 False。

有了逻辑运算符,数学中的 score1≥60 且 score2≥90 就可以写成:

```
score1>=60 and score2>=90
```

这就是一个逻辑表达式。

对于 60≤score<90,在 Python 程序中,既可以写成:

```
score>=60 and score<90
```

也可以写成：

60<=score<90

下面再看几个逻辑表达式的示例。

两门课程都大于或等于 60 分：

score1>=60 and score2>=60

两门课程都大于或等于 60 分，而且其中有一门课程大于或等于 90 分：

score1>=60 and score2>=60 and (score1>=90 or score2>=90)

两门课程都大于或等于 60 分，而且两门课程的平均分大于或等于 90 分：

score1>=60 and score2>=60 and (score1+score2)//2>=90

**注意**：逻辑运算符与运算对象之间要留有空格。

为便于正确书写和理解表达式，给出运算符的优先级和结合性，如表 3.2 所示。

表 3.2　运算符的优先级和结合性

| 运　算　符 | 优　先　级 | 结合性 |
|---|---|---|
| **(幂运算)<br>!(逻辑非)<br>+、-(正号、负号) | 同级 | 右结合 |
| *、/、//、%(乘除运算) | 同级 | 左结合 |
| +、-(加减运算) | 同级 | 左结合 |
| >、>=、<、<=(大小判断关系运算) | 同级 | 左结合 |
| ==、!=(相等判断关系运算) | 同级 | 左结合 |
| and(逻辑与) | — | 左结合 |
| or(逻辑或) | — | 左结合 |

给定如下 3 个逻辑表达式：

表达式 1：score1>=60 and score2>=60 or score3>=90
表达式 2：(score1>=60 and score2>=60) or score3>=90
表达式 3：score1>=60 and (score2>=60 or score3>=90)

根据运算符优先级的不同，可知表达式 1 和表达式 2 的含义相同，与表达式 3 的含义不同。

如果一时没有准确掌握各运算符的优先级，可以用加括号的形式明确指定各运算的优先级。实际上，应多采用表达式 2 和表达式 3 的写法，能够更清楚地表达编程者的意图，也更易于程序阅读者理解表达式的含义。

说明：

① 左结合是指从左向右计算，右结合是指从右向左计算，例如：

a+b-c 等价于(a+b)-c，而 a**b**c 等价于 a**(b**c)。

② 逻辑表达式的值是一个逻辑值：真或假，真用 True 表示，假用 False 表示。首字母大写，其他字母小写，TRUE、FALSE、true、false 等形式都是错误的。

## 3.2.2　if 语句

if 语句用来实现单分支选择，语法格式为：

**if 表达式：**
　　**语句块**

if 分支结构如图 3.2 所示。if 语句的执行过程是：先计算表达式的值，若值为 True（真），则执行 if 子句（表达式后面的语句块），然后执行 if 结构后面的语句；否则，跳过 if 子句，直接执行 if 结构后面的语句。

示例：

```
if score<60:
    m=m+1                        #如果成绩不及格,则 m 的值加 1
n=n+1                            #不管成绩是否及格,n 的值都要加 1
```

如果是对一门课程的考试成绩进行上述操作，其功能是统计参加考试的总人数（n 的值）和不及格人数（m 的值）。

**注意**：不要漏掉条件表达式后面的冒号（:）。

## 3.2.3　if-else 语句

if-else 语句用来实现双分支选择，即 if-else 语句可以根据条件的"真"（True）或"假"（False），执行不同的语句块。

if-else 语句的语法格式为：

**if 表达式：**
　　**语句块 1**
**else：**
　　**语句块 2**

其中，语句块 1 称为 if 子句，语句块 2 称为 else 子句。

if-else 分支结构如图 3.3 所示。if-else 语句的执行过程是：先计算表达式的值，若结果为 True，则执行 if 子句（语句块 1），否则执行 else 子句（语句块 2）。

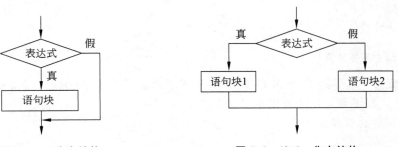

　　　图 3.2　if 分支结构　　　　　　　　　　图 3.3　if-else 分支结构

示例:

```
if score<60:
    m=m+1                                    #如果成绩不及格,则m的值加1
else:
    n=n+1                                    #如果成绩及格,则n的值加1
```

如果还是对一门课程的考试成绩进行上述操作,其功能是统计不及格人数(m的值)和及格人数(n的值)。

**【例3.2】** 根据输入的学生成绩对其进行判断处理:如果成绩及格,则输出"考试通过!",否则输出"考试没通过!"。

```
#P0302.py
score=int(input("请输入考试成绩: "))       #通过键盘输入一个成绩值
if score>=60:
    print("考试通过!")
else:
    print("考试没通过!")
```

一段程序中只有一个if和一个else是比较容易理解的,如果有多个if和else,则if与else的匹配关系要书写准确。在Python中,if与else的匹配是通过严格的对齐与缩进实现的。

示例:

```
score=int(input("score="))
if score<60:
    if score<30:
        print("需要重修!")
    else:
        print("需要补考!")
```

该程序段中,else与第2个if对齐,其功能是:在成绩低于60分的前提下,如果成绩低于30分必须重修,否则(成绩为30~59分)需要参加补考。

如果写成如下缩进形式(else与第1个if对齐):

```
score=int(input("score="))
if score<60:
    if score<30:
        print("需要重修!")
else:
    print("需要补考!")
```

其功能变为:成绩低于30分必须重修,在成绩大于或等于60分时,需要参加补考。很显然,这不是我们想要表达的处理逻辑。

一个更完整的程序段如下:

```
score=int(input("score="))
```

```
if score<60:
    if score<30:
        print("考试未通过,需要重修!")
    else:
        print("考试未通过,需要补考!")
else:
    print("考试通过!")
```

在 Python 中,if-else 语句还可以写成如下表达式形式:

**表达式 1　if 条件表达式 else 表达式 2**

其执行过程是:先计算条件表达式的值,若其值为 True,则整个表达式的值为表达式 1 的值;否则,整个表达式的值为表达式 2 的值。

示例:

```
x=a-b if a>=b else b-a
```

该语句的功能为:若表达式 a>=b 的值为 True,则把 a-b 的值赋给 x,否则把 b-a 的值赋给 x,即 x 的值为 a-b 的绝对值。

若 a=30,b=20,则执行该语句后 x=10;

若 a=30,b=50,则执行该语句后 x=20。

这个赋值语句也可以写成如下条件语句的形式:

```
if a>=b:
    x=a-b
else:
    x=b-a
```

显然,写成表达式的形式更为简洁。当然,实际编写程序时,是写成表达式形式还是语句形式,看自己的习惯。

**说明**:Python 与其他语言最大的区别就是,构成 Python 程序的代码行必须严格按照缩进的格式规则来书写,Python 是通过缩进来识别语句之间的层次关系的。缩进的空格数是可变的,具有相同缩进量的一组语句称为一个语句块。代码的缩进可以通过制表符 tab 键或空格键实现,缩进量可多可少,一般设置为 4 个空格。

示例:

```
x=12
y=-21
if x>y:
    print(x-y)
else:
    print(y-x)
```

其逻辑含义为:如果 x>y 关系成立,就输出 x-y 的值,否则就输出 y-x 的值,即输出 x-y 的绝对值。如果书写为下面的格式,解释器解释时将会报语法错误:

```
x=12
```

```
y=-21
if x>y:
print(x-y)              #该语句不应与 if 在同一个缩进层次上
else:
    print(y-x)
```

再看一个语句块的示例：

```
a=10
b=20
if a<b:
    t=a
    a=b
    b=t
print("|a-b|=",a-b)
```

该程序的功能为求 a—b 的绝对值，有两个层次的语句块，第一层次的语句块由 4 条语句组成：给 a 和 b 赋值的语句、if 语句和 print 语句，第二层次的语句块由 3 条语句组成：当 a<b 成立时需要完成的 3 个赋值操作。每个语句块中的各语句的缩进一定要相同，而且不同层次的语句块的缩进要不同，否则执行时解释器会报错。

Python 允许在同一行中书写多条语句，但语句之间要使用分号（;）进行分隔，上面的求绝对值程序可以改写如下：

```
a=10;b=20                #一行写 2 条语句
if a<b:
    t=a;a=b;b=t          #一行写 3 条语句
print("|a-b|=",a-b)
```

但为了程序结构的清晰和易于理解，最好还是一行书写一条语句。

## 3.2.4　if-elif-else 语句

如果成绩是 5 级分制（5 为优秀、4 为良好、3 为及格、2 和 1 为不及格），现在需要把等级分（1~5）转换为对应的"优秀""良好""及格"等信息输出。

假设变量 grade 中存放有等级分，则实现上述功能的程序段如下：

```
if (grade==5):
    print("优秀")
else:
    if (grade==4):
        print("良好")
    else:
        if (grade==3):
            print("及格")
        else:
            if (grade==2):
                print("不及格")
```

```
        else:
            if (grade==1):
                print("不及格")
            else:
                print("成绩值错误")
```

这种多层嵌套方式从语法上是正确的,但书写起来比较麻烦,也不容易理解其功能。if-elif-else 语句更适合完成这种多选择功能,if-elif-else 语句的语法格式如下:

**if 表达式 1:**
　　语句块 1
**elif 表达式 2:**
　　语句块 2
　　　⋮
**elif 表达式 n:**
　　语句块 n
**else:**
　　语句块 n+1

if-elif-else 语句的执行顺序是:依次计算各表达式的值,如果表达式 1 的值为 True,则执行语句块 1;否则,如果表达式 2 的值为 True,则执行语句块 2;以此类推,如果表达式 n 的值为 True,则执行语句块 n;如果前面所有条件都不成立,则执行语句块 n+1。即按顺序依次判断表达式 1、表达式 2、⋯⋯、表达式 n 的取值是否为 True,如果某个表达式的取值为 True,则执行与之对应的语句块,然后结束整个 if-elif-else 语句;如果所有表达式的取值都不为 True,则执行与 else 对应的语句块。

上述多重 if-else 嵌套语句改写成 if-elif-else 语句如下:

```
if grade==5:
    print("优秀")
elif grade==4:
    print("良好")
elif grade==3:
    print("及格")
elif grade==2:
    print("不及格")
elif grade==1:
    print("不及格")
else:
    print("成绩值错误")
```

相对于多层嵌套的 if-else 语句,相同功能的 if-elif-else 语句既简洁,又易于阅读理解。

关于 if-elif-else 语句的几点说明如下:

① 在依次对各表达式进行判断时,遇到一个结果为 True 的表达式即结束,即使有多个表达式成立,后面的表达式也不再判断。

示例:

```
if score>=90:
    i+=1
elif score>=80:
    j+=1
elif score>=60:
    k+=1
else:
    m+=1
```

对于此程序段,如果处理多个成绩值(score),实际上是统计几个成绩段的人数,如果 score 的值为 95,第 1 个表达式就成立,执行赋值语句 i＋＝1,然后结束整个 if-elif-else 语句,后面的表达式不再判断,自然也不会执行对应的语句。

② 每个语句块可以包括多条语句,同一语句块中的各条语句要有相同的缩进格式,否则会被认为是不同的语句块的语句。

③ 最后的 else 以及与之对应的语句可以省略,此时,若前述所有表达式都不成立,则 if-elif-else 语句什么都不执行。

# 3.3 循环语句与循环结构程序设计

用计算机解决实际问题时,经常会遇到需要重复进行的数据处理工作,如把通过键盘输入的数值累加起来,此时要重复完成的工作是:输入数据和累加。解决这类问题有两种方式:一是在程序中重复书写有关输入数据和累加的程序代码,二是让有关输入数据和累加的代码重复执行。前者会使程序代码书写量很大(如输入 10000 个数据并累加),增加编写程序的难度和工作量,而后者却能比较简单方便地实现同样的功能。实际上,后者是通过一种控制结构来使某些语句重复执行的,这种结构称为循环结构。

一组被重复执行的语句称为循环体语句块。程序执行过程中,每执行一次循环体语句块,必须作出是继续还是停止的决定,这个决定所依据的条件称为循环条件。

循环结构通过循环语句来实现,Python 语言中有两种循环语句:for 循环语句和 while 循环语句。

## 3.3.1 for 循环语句

for 循环语句的语法格式为:

**for 循环变量 in 遍历结构:**
    **语句块**

for 循环结构如图 3.4 所示。for 循环语句的执行过程是:循环变量依次取遍历结构中的值,参与循环体语句块的执行,直至遍历结构中的数据都取完为止。

【例 3.3】 从键盘上输入若干个以正整数表示的考试成绩,计算总成绩和平均成绩并输出。

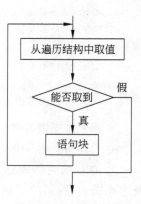

图 3.4 for 循环结构

**Python**

问题分析：这是一个重复累加的问题，从键盘上输入一个成绩值，进行一次累加，再输入一个成绩值，再进行一次累加，……，直至成绩值全部输入并累加完毕。这里循环继续的条件是：成绩值未累加完，而每次重复的工作为输入数据、进行累加。设：score 为接收键盘输入值并要累加的数据变量；total_score 为累加变量，用于累加求和；i 为循环控制变量，用于控制循环的次数。

```
#P0303.py
n=int(input("成绩个数 n="))            #输入成绩个数
total_score=0                        #累加变量清零
for i in range(1,n+1):               #循环次数为 n
    score=int(input("请输入一个成绩值:"))   #通过键盘输入一个成绩值
    total_score+=score              #累加求和
average_score=total_score//n         #计算平均成绩
print("总成绩=",total_score)          #输出总成绩
print("平均成绩=",average_score)       #输出平均成绩
```

为了调试程序时输入数据简单快捷，一开始可以为 n 输入值 5，程序调试正确后，可以用于计算班内某门课程的成绩，也可以用于计算自己已学课程的成绩，为变量 n 输入实际的成绩个数就可以了。

关于 for 语句的几点说明如下：

① 此处的循环变量 i 在 range(1,n+1) 范围内取值，取值为 1~n(不包括 n+1)，所以循环体语句块执行 n 次。range() 函数的一般格式如下：

```
range(start,end,step)
```

其功能是生成若干个整数值，初始数值为 start，结束数值为 end-1(注意，不包括 end)，步长为 step。其中，start 和 step 都可以省略，省略时默认值分别为 0 和 1。

示例：

```
range(10)           #生成的值为 0~9,默认初值为 0、步长为 1
range(1,10)         #生成的值为 1~9,默认步长为 1
range(1,11,2)       #生成的值为 1、3、5、7、9,即 1~10 之间的奇数
range(2,11,2)       #生成的值为 2、4、6、8、10,即 2~10 之间的偶数
range(10,0,-1)      #生成的值为 10~1,步长可以为负数
```

② 在该程序中，for i in range(1,n+1)，也可以写成：for i in range(0,n) 或 for i in range(2,n+2) 等形式，因为其只起控制循环次数的作用，只要两者之间的差值为 n 即可，当然还是 for i in range(1,n+1) 更容易理解一些。如果循环变量要参与循环体语句块的运算，不同写法的功能就不一样了。

如下程序段的功能是计算 $1^2+2^2+3^2+\cdots+n^2$。

```
n=int(input("n="))
total=0
for i in range(1,n+1)
    total+=i*i
print("total=",total)
```

如下程序段的作用是计算 $0^2+1^2+2^2+\cdots+(n-1)^2$。

```python
n=int(input("n="))
total=0
for i in range(0,n):
    total+=i*i
print("total=",total)
```

③ 根据数据处理需要，正确书写缩进格式。不同的缩进格式，实现的功能是不一样的。上面的两个程序段都是计算完累加和后输出最后累加和的值，如果改成如下缩进格式，功能变为每累加一次，都会输出中间累加结果。

```python
n=int(input("n="))
total=0
for i in range(1,n+1):
    total+=i*i
    print("total=",total)
```

**【例 3.4】**　从键盘上输入一个正整数，判断其是否为素数。

问题分析：判断一个数 n 是否为素数，就是用 n 逐一除以 $2\sim n-1$ 的所有整数，如果都不能整除，则确定 n 为素数；如果至少有一个能够整除，则确定 n 不是素数。所以，判断一个数是否为素数要用循环结构实现。

```python
#P0304_1.py
n=int(input("请输入一个正整数："))
b=True                    #设定一个标记值
for i in range(2,n):      #i 的取值范围为 2~n-1,不包括 n
    if (n%i==0):
        b=False           #如果能够整除,则把 b 的值改为 False
if b==True:               #如果 b 的值保持为 True,说明都不能整除
    print(n,"是素数")
else:
    print(n,"不是素数")
```

**说明：**

① 判断素数还有更优化的方法，可自己思考并改进上述程序。

② 语句之间的缩进关系确定了语句之间的层次关系，也决定着每条语句的作用及整个程序的功能，要正确书写缩进形式，如果把上述程序改为如下缩进格式，程序功能将有什么变化，自己思考并上机查看输入数值分别为 4、17、25 时的运行结果。

```python
#P0304_2.py
n=int(input("请输入一个正整数："))
b=True                    #设定一个标记值
for i in range(2,n):      #i 的取值范围为 2~n-1,不包括 n
    if (n%i==0):
        b=False           #如果能够整除,则把 b 的值改为 False
if b==True:
```

```
    print(n,"是素数")
else:
    print(n,"不是素数")
```

## 3.3.2　while 循环语句

while 循环语句的语法格式为：

**while 表达式：**
　　**语句块**

while 循环结构如图 3.5 所示。while 循环语句的执行过程是：先计算表达式的值，若表达式的值为真（True），则执行循环体语句块；然后再次计算表达式的值，若结果仍为真（True），再次执行循环体语句块；如此继续下去，直至表达式的值变为假（False），则结束循环体语句块的执行。

在循环体语句块中要有修改循环条件的语句，以使表达式的值在执行若干次循环体语句块后变为假。若表达式的值总为真，则形成死循环；若表达式的值一开始就为假，则循环体语句块一次也不执行。

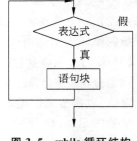

**图 3.5　while 循环结构**

【**例 3.5**】　用 while 语句实现例 3.3 的功能。

```
#P0305.py
n=int(input("成绩个数 n="))              #输入成绩个数
total_score=0                           #累加变量清零
i=1                                     #给计数变量赋初值为 1
while i<=n:                             #循环次数为 n
    score=int(input("请输入一个成绩值:"))  #通过键盘输入一个成绩值
    total_score+=score                  #对成绩值进行累加
    i+=1                                #计数变量值增 1
average_score=total_score//n            #计算平均成绩
print("总成绩=",total_score)            #输出总成绩
print("平均成绩=",average_score)        #输出平均成绩
```

【**例 3.6**】　从键盘上输入若干个以正整数表示的考试成绩，计算总成绩和平均成绩并输出。与前面例子不同的是：不知道成绩的个数，用输入－1 作为结束。

问题分析：该问题是一个条件控制的循环，知道循环结束条件，不知道循环次数，此时更合适用 while 循环语句实现。

```
#P0306.py
total_score=0                          #定义累加变量并赋初值为 0
num=0                                  #定义计数变量并赋初值为 0
score=int(input("请输入一个成绩值: "))  #输入一个成绩值
while score!=-1:                       #如果不满足循环结束条件
    num+=1                             #成绩个数加 1
```

```
    total_score+=score                              #对成绩进行累加
    score=int(input("请输入一个成绩值："))          #再次输入成绩值
average_score=total_score//num                      #计算平均成绩
print("总成绩=",total_score)                        #输出总成绩
print("平均成绩=",average_score)                    #输出平均成绩
```

**说明**：从上面几个例子可以看出，对于已知循环次数的循环程序，用 for 语句实现比较简单；对于不知道循环次数但知道结束条件的循环程序，用 while 语句实现更为合适。

### 3.3.3 循环语句的嵌套

循环是可以嵌套的，即可以把一个循环语句嵌套在另一个循环语句内，形成二重循环，以解决一些比较复杂的问题。for 语句和 while 语句既可以自身嵌套，也可以相互嵌套，但要求一点：一个循环语句要完全嵌套在另一个循环语句之内，即先开始的循环语句后结束，后开始的循环语句先结束。按此原则，也可以进行多层嵌套，形成多重循环。

【**例 3.7**】 从键盘输入 n 的值，计算 $1!+2!+3!+\cdots+n!$。

**问题分析**：从宏观上看，这是 n 个数的累加，要通过循环来实现，但每一个加数又是一个阶乘值，也需要通过循环计算出来。该题目可以通过一个二重循环程序完成，外层循环实现 n 个数的累加，设 total 为累加变量，其初值为 0；内层循环实现阶乘的计算，设 fact 为累乘变量，赋其初值为 1。给出两个分别使用 for 和 while 的二重循环程序。

```
#P0307_1.py
n=int(input("请输入数值 n="))                       #通过键盘输入 n 的值
total=0                                             #累加变量初值赋为 0
for i in range(1,n+1):                              #设定累加次数
    fact=1
    for j in range(1,i+1):                          #求 1~n 中某个数的阶乘
        fact*=j
    total+=fact                                     #阶乘累加
print("阶乘累加和=",total)                          #输出最后结果


#P0307_2.py
n=int(input("请输入数值 n="))                       #通过键盘输入 n 的值
total=0                                             #累加变量初值赋为 0
i=1
while i<=n:                                          #计算阶乘的累加和
    fact=1
    j=1
    while j<=i:                                      #求阶乘
        fact*=j
        j+=1
    total+=fact
    i+=1
print("阶乘累加和=",total)
```

实际上,1!+2!+3!+…+n!的计算也可以写成单循环结构,借助(n-1)!来计算 n!,
程序如下:

```
#P0307_3.py
n=int(input("请输入数值 n="))                    #通过键盘输入 n 的值
total=0                                          #累加变量初值赋为 0
fact=1
for i in range(1,n+1):                           #设定累加次数
    fact*=i
    total+=fact;                                 #阶乘累加
print("阶乘累加和=",total)                        #输出最后结果
```

前面介绍的是循环语句 for 和 while 的基本结构,for 和 while 还都有带 else 的扩展形
式,语法格式分别如下:

**for 循环变量 in 遍历结构:**
    语句块 1
**else:**
    语句块 2

**while 表达式:**
    语句块 1
**else:**
    语句块 2

其共同点是,当循环语句正常结束时,执行 else 对应的语句块;当循环语句提前结束时,
不执行 else 对应的语句块。带 else 的循环语句一般要和在 3.4 节介绍的 break 语句配合
使用。

# 3.4　退出循环语句

有时循环不一定要执行完,可以提前退出。例如,判断一个数 n 是否为素数时,只要 2~
n-1 中有一个数能够除尽 n,就能确定 n 不是素数,此时可提前结束循环程序,以提高程序
执行效率。提前结束循环的语句称为转移语句,有两个转移语句,分别为 break 语句和
continue 语句。转移语句的共同特点是改变程序的当前执行顺序,转到程序的另外一个位
置继续执行。

## 3.4.1　break 语句

break 语句的语法格式如下:

**break**

break 语句主要用于循环结构中,其功能是提前结束整个循环,转去执行循环结构后面
的语句。

【例 3.8】 计算总成绩。如果输入的成绩值都有效,计算出总成绩并输出;如果输入的成绩值中有无效值,中止累加计算并给出提示信息。

```
#P0308_1.py
total_score=0                                        #定义累加变量并赋初值为 0
for i in range(1,11):                                #设定循环次数为 10
    score=int(input("请输入一个成绩值:"))             #输入一个成绩值
    if (score<0 or score>100):                       #若是无效成绩值
        print("成绩值无效,中止程序!")                 #给出提示信息
        break                                        #提前结束循环
    else:
        total_score+=score                           #对有效成绩值进行累加
else:
    print("总成绩=",total_score)                      #循环正常结束,输出总成绩
```

该程序的功能是对通过键盘输入的成绩值进行累加,预定的循环次数为 10。但是,如果输入的某个成绩值是无效成绩,即不在 0~100 范围内,便提前结束整个循环语句的执行,并给出提示信息;如果 10 个成绩值都是有效值,则输出总成绩。

如果不用带 else 的 for 循环语句,是否也能实现上述效果? 答案是:能,但不如用带 else 的 for 循环语句简洁。程序如下:

```
#P0308_2.py
total_score=0                                        #定义累加变量并赋初值为 0
k=0                                                  #累加成绩个数初值为 0
for i in range(1,11):                                #设定循环次数为 10
    score=int(input("请输入一个成绩值:"))             #输入一个成绩值
    if (score<0 or score>100):                       #若是无效成绩值
        break                                        #提前结束循环
    else:
        total_score+=score                           #对有效成绩值进行累加
        k+=1                                         #累加成绩个数加 1
if k==10:                                            #如果累加成绩个数为 10
    print("总成绩=",total_score)                      #循环正常结束,输出总成绩
else:
    print("成绩值无效,中止程序!")                     #循环提前结束,给出提示信息
```

## 3.4.2　continue 语句

continue 语句的语法格式如下:

**continue**

continue 语句用于循环结构中,其功能是提前结束本次循环,转到循环的开始判断是否执行下一次循环。

【例 3.9】 计算总成绩。在成绩值输入过程中,如果遇到无效成绩值,提示用户重新输入,计算出总成绩并输出。

```
#P0309.py
total_score=0                                          #定义累加变量并赋初值为 0
for i in range(1,11):                                  #设定循环次数为 10
    score=int(input("请输入一个成绩值:"))              #输入一个成绩值
    if (score<0 or score>100):                         #若是无效成绩值
        print("成绩值无效,请重新输入!")               #给出提示信息
        continue                                       #结束本次循环
    else:
        total_score+=score                             #对有效成绩值进行累加
print("总成绩=",total_score)                           #输出总成绩
```

**注意**：continue 语句是结束本次循环,而 break 是结束整个循环。

给出如下程序段:

```
for i in range(30,51):
    if i%3!=0:
        break
    print(i)
```

该程序段的功能是遇到一个不能被 3 整除的数就结束整个循环,输出之前能够被 3 整除的数,即输出 30～50 中第一个不能被 3 整除的数之前所有能够被 3 整除的数。

再给出如下程序段:

```
for i in range(30,51):
    if i%3!=0:
        continue
    print(i)
```

该程序段的功能是：如果遇到一个不能被 3 整除的数,则结束本次循环(即不输出该数),回到循环开始处判断是否开始下一次循环。即该程序段的功能是找出 30～50 中所有能够被 3 整除的数并输出。

# 3.5　程序举例

本节通过几个例题来加深对分支程序和循环程序的理解。

【**例 3.10**】　从键盘输入 3 个数,找出其中的最大值并输出。

问题分析：通过键盘输入 3 个数并分别存入变量 a、b、c,用简单的比较法就可以找出最大值。先比较 a 和 b,如果 a 大于或等于 b,再比较 a 和 c,如果 a 大于或等于 c,则 a 为最大值,否则 c 为最大值;如果 a 小于 b,再比较 b 和 c,如果 b 大于或等于 c,则 b 为最大值,否则 c 为最大值。比较流程如图 3.6 所示。

```
#P0310.py
a=int(input("a="))
b=int(input("b="))
c=int(input("c="))
```

```
if a>=b:
    if a>=c:
        maxi=a
    else:
        maxi=c
else:
    if b>=c:
        maxi=b
    else:
        maxi=c
print("最大值=",maxi)
```

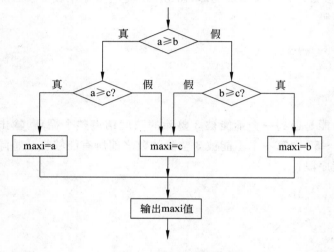

**图 3.6  找 3 个数中的最大值**

关于程序流程图的说明如下：

① 编写程序的前提是对问题进行深入分析并且得到解决问题的合适算法，算法即是解决某一问题的思路和步骤，描述算法的方式有多种，其中流程图方式简单明了，易于画出，易于理解，也易于转换为相应的程序。图 3.6 就是一个典型的流程图，比较清晰地描述了找 3 个数中最大值的算法思路。

在流程图中，用一些框图表示各种类型的操作，用带箭头的线段表示操作的执行顺序，常用的图形符号如图 3.7 所示。

**图 3.7  常用的流程图符号**

下面简要介绍图 3.7 中各图形符号的含义。

- 起止框：是一个椭圆形,表示算法由此开始或结束。
- 处理框：是一个矩形,表示一个具体的处理操作。
- 判断框：是一个菱形,表示一种判断条件。
- 输入输出框：是一个平行四边形,表示输入或输出操作。
- 连接框：是一个圆形,连接画在两页上的同一个流程图。
- 流程线：是一个带箭头的线段,表示程序的执行走向。

② 画流程图是为了编程人员更为清晰准确地理解算法,编写出功能正确的程序。对于一个要解决的问题,是先画出流程图再编写程序,还是直接编写程序,根据实际情况而定。基本原则是：如果对算法思路清楚明了,可以直接编写程序,如果对算法思路的理解不是很清晰,可以先画出流程图,进一步理清算法思路后,再编写程序。

【例 3.11】　从键盘输入 40 个数,找出其中的最大值并输出。

问题分析：求解这个问题,不能再沿用例 3.10 的思路,40 个数的各种可能的比较实在是太麻烦了。该问题可以用一种新的思路：假定第 1 个数就是最大值,存入 maxi 变量；然后第 2 个数和 maxi 中的值进行比较,如果第 2 个数大,则用其替换掉 maxi 中的值,否则保持 maxi 中的值不变；这样第 3 个数,第 4 个数,……,第 40 个数,一直比较下去,maxi 中总是保持比较过的数的最大值。程序流程图如图 3.8 所示。

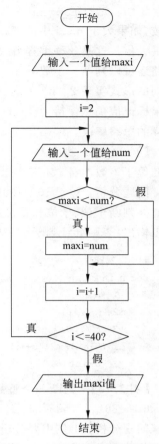

图 3.8　找 40 个数中的最大值

```
#P0311_1.py  用 while 循环语句
maxi=int(input("请输入第一个数:"))              #假定第一个数为最大值
n=1
while n<=40:                                   #处理后面 39 个数
    num=int(input("请再输入一个数:"))          #再输入一个数
    if num>maxi:                               #如果新输入的数大于 maxi 中的值
        maxi=num                               #用新输入的数替换掉 maxi 中的值
    n+=1                                       #n 的值加 1
print("最大值=",maxi)                          #输出最大值


#P0311_2.py  用 for 循环语句
maxi=int(input("请输入第一个数:"))              #假定第一个数为最大值
for i in range(2,41):                          #处理后面 39 个数
    num=int(input("请再输入一个数:"))          #再输入一个数
    if num>maxi:                               #如果新输入的数大于 maxi 中的值
        maxi=num                               #用新输入的数替换掉 maxi 中的值
```

```
print("最大值=",maxi)                        #输出最大值
```

**说明**：先假定第一个数为最大值并存入变量 maxi，后面的各数依次和 maxi 中的值进行比较，如果大于 maxi 中的值，则替换掉 maxi 中的值，最后保留在 maxi 中的值就是一组数中的最大值。这是一种编程解决问题的思路，用此思路也可以找出一组数中的最小值。用此思路还可以判断一个数 n 是否为素数：先假定 n 是素数（设定标记值为 True），然后用循环语句的形式实现 2～n-1 逐一去除 n，如果有能够整除的把标记值改为 False，循环结束后，如果标记值仍然保持为 True，n 为素数，否则 n 不是素数。读者可思考，还有哪些问题可用这样的思路解决。

**【例 3.12】** 找出 100～999 中的所有水仙花数，所谓水仙花数是指该数的各位数字的立方和等于该数本身，如 $153=1^3+5^3+3^3$。

**问题分析**：对于 100～999 中的每个数据，先分解出该数的个位、十位和百位数值，然后计算并判断个位、十位和百位的立方和是否等于该数本身，如果相等则是要找的水仙花数，予以输出，否则继续判断下一个数，直至 100～999 的所有数判断完。

```
#P0312.py
for n in range(100,1000):              #n 的取值为 100~999
    m1=n%10                            #分解出个位数
    m2=(n//10)%10                      #分解出十位数
    m3=n//100                          #分解出百位数
    if (m1**3+m2**3+m3**3==n):         #判断是否为水仙花数
        print(n,"是一个水仙花数")
```

**【例 3.13】** 判断一个整数是否为回文数。所谓回文数，是指一个数的正序和逆序值相等，如 168861、387595783 等。

**问题分析**：上例中要分析判断的每一个数都是 3 位数，所以可以从中分解出个位、十位和百位数。本例中要分析判断的数没有固定的位数，所以不能沿用上例的思路。只能是逐一分解出个位、十位、百位、……，根据具体数的不同，可能只分解出 1 位，也可能分解出若干位。

```
#P0313_1.py
n=int(input("n="))              #把键盘输入转化为数值并赋给变量 n
m=n                             #复制 n 的值给变量 m
s=0                            #为 s 赋初值 0，准备用于存放 n 的逆序值
while m!=0:                     #从 m 中逐一分解出个位、十位、百位、……
    k=m%10                      #循环处理中，第 1 次得到个位值，第 2 次得到十位值，……
    s=s*10+k                    #计算 n 的逆序值
    m=m//10                     #为分解下一位数做准备
if s==n:                        #如果 n 的逆序值等于 n 的值
    print(n,"是回文数")
else:
    print(n,"不是回文数")
```

还可以利用字符串的特性编写程序，依次比较各字符对：最高位数和最低位数、次高位数和次低位数、……，如果有某一对字符不相等，则判定不是回文数；如果各对字符都相等，

则判定是回文数。

```
#P0313_2.py
num=input("num=")                   #把一个全部由数字组成的字符串赋给num
i=0                                 #最高位的索引值
j=-1                                #最低位的索引值
for i in range(0,len(num)//2):      #比较次数为字符串长度的1/2
    if num[i]!=num[j]:              #如果某一对字符不相等,则判定不是回文数
        print(num,"不是回文数")
        break                       #提前结束循环
    i+=1                            #正向右移1位
    j-=1                            #逆向左移1位
else:                               #循环正常结束,判定是回文数
    print(num,"是回文数")
```

说明:对于字符串,可以通过索引值访问其中的某个字符,Python为字符串设置了双向的索引值,正向索引值从0开始递增,逆向索引值从-1开始递减。例如,对于字符串str1="ABC计算机",其索引值如图3.9所示,一个字母或一个汉字都按一个符号对待,str1[2]和str1[-4]的值均为字符"C",str1[4]和str1[-2]的值均为汉字"算"。

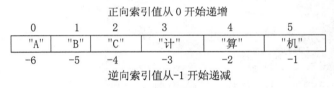

正向索引值从0开始递增

| 0 | 1 | 2 | 3 | 4 | 5 |
|---|---|---|---|---|---|
| "A" | "B" | "C" | "计" | "算" | "机" |
| -6 | -5 | -4 | -3 | -2 | -1 |

逆向索引值从-1开始递减

**图3.9 字符串的索引值**

还可以使用对字符串的切片操作进一步改写程序。

```
#P0313_3.py
num=input("num=")
if num==num[::-1]:
    print(num,"是回文数")
else:
    print(num,"不是回文数")
```

说明:对如图3.9所示字符串str1进行切片操作的语法形式为str1[i:j:k],其中i、j、k分别表示切片的开始字符的索引值、结束字符的索引值和步长,但不包括索引值为j的字符。程序中num[::-1]的功能是逆序取出字符串中的各字符,如果num的值为"12345",则num[::-1]的值为"54321"。对字符串进行切片操作的详细介绍见4.5.2节。

【例3.14】 编写程序找出2000以内的所有素数,并统计素数个数。

问题分析:判断一个数n是否为素数,就是用n逐一除以2~n-1的所有整数,如果都不能整除,则确定n为素数。所以,判断一个数是否为素数,要用循环结构实现,而现在要判断2000以内的数哪些为素数,这又是一层循环,该题目可以写出二重循环程序。

```
#P0314.py
num=0
```

```
for n in range(2,2001):              #设定循环范围
    mark=True                        #设定标记值为 True
    for i in range(2,n):             #判断 n 是否为素数
        if n%i==0:
            mark=False
            break
    if mark==True:                   #mark 值保持为 True,说明 n 是素数
        print(n,"是素数")             #输出素数
        num+=1                       #素数计数加 1
print("素数个数=",num)                #输出素数个数
```

**说明**:程序中去掉 break 语句,结果仍然是正确的,只是程序执行效率会降低。读者可思考其原因。

【例 3.15】 百钱买百鸡问题。假定公鸡 5 元一只,母鸡 3 元一只,小鸡 1 元 3 只,现有 100 元钱,要买 100 只鸡,限定每种鸡至少要买一只。编写程序计算有多少种满足要求的方案。

问题分析:假定可能买的公鸡、母鸡和小鸡数分别为 i、j、k,由于题目的限定条件是每种鸡至少买 1 只,一共买 100 只,所以 i、j、k 的取值范围都在 1~100,可以写出一个 3 重循环的程序。

```
#P0315_1.py
for i in range(1,101):
    for j in range(1,101):
        for k in range(1,101):
            if (i * 5+j * 3+k/3==100 and i+j+k==100):
                print("公鸡数=",i,"母鸡数=",j,"小鸡数=",k)
```

学编程之前遇到过这个问题吗? 你是如何得到答案的?

其实这个程序的思路很简单,就是逐一验证各种可能的组合,把符合要求的组合输出。只是现在计算机的运算速度很快,所以通过运行程序,很快就能看到结果。这个程序总的循环次数是 100 万次(即 100×100×100 次),即需要验证 100 万种可能的组合,时间消耗很大。直接从题目的限定条件看,公鸡最多可以买 100 只,但由于公鸡的价格为 5 元一只,所以公鸡最多可以买 20 只,同样母鸡最多可以买 33 只,而且程序可以改写成如下二重循环的形式:

```
#P0315_2.py
for i in range(1,21):
    for j in range(1,34):
        if (i * 5+j * 3+ (100-i-j)/3==100 ):
            print("公鸡数=",i,"母鸡数=",j,"小鸡数=",100-i-j)
```

此时总循环次数降为 660 次,大大减少了循环次数,自然也就减少了程序执行时的时间开销。

【例 3.16】 统计成绩。通过键盘输入若干个 0~100 的整数成绩,以输入 0~100 之外的数作为结束条件,编写程序统计出各分数段的人数,分数段的划分为:[100~90]、[89~

80]、[79～70]、[69～60]和[59～0]。

　　问题分析：这是循环与分支的嵌套问题，外层是条件控制的循环，可以用 while 语句，内层是多分支判断，可以用 if-elif-else 语句。

```
#P0316.py
n9=n8=n7=n6=n5=0          #各分数段人数初值置为 0
score=int(input("请输入一个成绩值："))
while 0<=score<=100:
    if score>=90:
        n9+=1
    elif score>=80:
        n8+=1
    elif score>=70:
        n7+=1
    elif score>=60:
        n6+=1
    else:
        n5+=1
    score=int(input("请再输入一个成绩值："))
print("[100~90]: ",n9)
print("[89~80]: ",n8)
print("[79~70]: ",n7)
print("[69~60]: ",n6)
print("[59~0]: ",n5)
```

# 3.6　算法与程序设计

## 3.6.1　算法设计与分析

　　用计算机解决问题的过程，可以分成以下几个阶段。

　　（1）分析问题、设计算法：认真分析要解决的问题及要实现的功能，给出解决问题的明确步骤，即设计出针对要解决问题的算法。

　　（2）选定语言、编写程序：根据问题的性质，选定一种合适的程序设计语言（及相应的开发环境），依据设计出的算法编写源程序。

　　（3）执行程序：对编写出的源程序进行编译执行或解释执行，程序中如果没有语法错误，则会完成编译或解释并执行程序，如果程序中存在语法错误，则编译器或解释器会给出提示信息：包括错误的位置及错误的性质等，可根据提示信息找到错误并且改正。

　　（4）调试执行：没有语法错误，并不能说明程序完全无错，可能还存在语义（逻辑）错误。程序通过编译或解释后，要选用一些有代表性的数据对程序进行测试，经过一定的测试，如果没有发现错误，程序就可以交付使用了。如果在测试中发现错误，就要分析错误的性质，如果是算法设计有问题，就应重新分析问题、修改算法或重新设计算法；如果是程序编写有问题，就设法在程序中找到错误所在并且改正（程序排错），对于较大规模的程序，程序排错是一项困难的工作,既需要经验,也需要一定的方法和工具支持。

对于写文章来说,初学者感觉遣词造句是困难的,但写出好文章真正的难点在于文章的总体构思和创意。编写程序也一样,初学者的难点在于语言基本要素和语法规则的掌握,而真正设计出高水平程序的基础是良好的算法设计,相对来说,有了好的算法,再编写程序就比较简单了。

**1. 程序与算法**

现实生活中,做任何事情都需要经过一定的步骤才能完成。例如,小到叠一个纸鹤,大到生产一辆汽车,都必须按照一定的步骤进行。

为解决一个问题而采取的方法和步骤称为算法。算法(algorithm)就是被精确定义的一组规则,规定了先做什么再做什么,以及判断某种情况下做哪种操作;或者说算法是步进式完成任务的过程。

程序(program)是指为让计算机完成特定的任务而设计的指令序列或语句序列,一般认为机器语言程序或汇编语言源程序由指令序列构成,而高级语言源程序由语句序列构成。程序设计(programming)是用来沟通算法与计算机的桥梁;程序是程序设计人员编写的、计算机能够理解并执行的一些命令的集合,是解决问题的算法在计算机中的具体实现。

**2. 算法的特点**

算法反映解决问题的步骤,不同的问题需要用不同的算法来解决,同一问题也可能有不同的解决方法,但是一个算法必须具有以下特性:

① 有穷性。一个算法必须总是在执行有限个操作步骤和可以接受的时间内完成其执行过程。即对于一个算法,要求其在时间和空间上均是有穷的。

② 确定性。算法中的每一步都必须有明确的含义,不允许存在二义性。

③ 有效性。算法中描述的每一步操作都应该能有效地执行,并最终得到确定的结果。

④ 输入及输出。一个算法应该有 0 个或多个输入数据,有 1 个或多个输出数据。执行算法的目的是为了求解,而"解"就是输出,因此没有输出的算法是没有意义的。

**3. 算法的表示**

算法的描述方式有多种,常用的算法描述有如下 3 种方式。

1) 用自然语言表示

自然语言就是人们日常使用的语言,可以是中文、英文等。

例如,求 3 个数中的最大值问题,可以用中文描述如下:

先比较前两个数,找到大的那个数;

再让其与第三个数进行比较,找到两者中大的数即为所求。

2) 用流程图表示

流程图是用规定的一组图形符号、流程线和文字说明来表示各种操作的算法表示方法。图 3.6 就是 3 个数中找最大值算法的流程图表示。

3) 用伪码表示

伪码用一种介于自然语言和计算机语言之间的文字和符号来描述算法,接近计算机语言,便于向计算机程序过渡。比计算机语言形式灵活、格式紧凑,没有严格的语法格式。

3 个数中找最大值算法的伪码表示如下:

输入 3 个数给 a、b、c

如果 a≥b 则

  如果 a≥c 则 a 最大,a 值存入 maxi

  否则 c 最大, c 值存入 maxi

否则

  如果 b≥c 则 b 最大, b 值存入 maxi

  否则 c 最大, c 值存入 maxi

输出 maxi 值

**4. 算法的评价标准**

用计算机解决问题的关键是算法的设计,对于同一个问题,可以设计出不同的算法,如何评价算法的优劣是算法分析、比较和选择的基础。目前,可以从正确性、时间复杂性、空间复杂性和可理解性 4 个方面对算法进行评价。

1) 算法的正确性

算法的正确性是指算法能够正确地求解所要解决的问题,就目前的研究来看,要想通过理论方式证明一个算法的正确性是非常复杂和困难的,一般采用测试的方法,基于算法编写程序,然后对程序进行测试。针对所要解决的问题,选定一些有代表性的输入数据,经程序执行后,查看输出结果是否和预期结果一致,如果不一致,则说明程序中存在错误,应予以查找并改正。经过一定范围的测试和程序改正,不再发现新的错误,程序可以交付使用,在使用过程中仍有可能发现错误,再继续改正,这时的改正称为程序维护。

例如,一个对考试成绩进行管理的程序,主要功能是按学生或按课程查询成绩,对学生按考试成绩排名等。如果有 100 个学生,你可以选择第 1 名、第 10 名、第 50 名、第 90 名、最后一名同学的成绩进行计算,看计算结果和手工计算结果是否一致。这比简单地选择前 5 个同学的成绩进行测试更有代表性,更有可能发现程序中的错误。

一些大的软件开发公司开发的软件,先是在开发人员内部进行测试,然后在公司内部(与开发人员不同的一些人)进行测试,最后再请一些公司外的用户进行测试。

对于小程序来说,测试工作是比较简单的,如考试成绩管理程序,可能有半天的时间就能完成测试工作。对于大型的程序,可能需要数月的测试时间,即使投入实际应用后,也还会在使用中发现错误、改正错误。

2) 算法的时间复杂度

算法的时间复杂度是指依据算法编写出程序后,在计算机上运行时所耗费的时间度量。一个程序在计算机上运行的时间取决于程序运行时输入的数据量、对源程序编译所需要的时间、执行每条语句所需要的时间以及语句重复执行的次数。其中,最重要的是语句重复执行的次数。通常,把整个程序中语句的重复执行次数之和作为该程序的时间复杂度,记为 $T(n)$,其中 $n$ 为问题的规模。对于一个从线性表中查找某个数据的算法,$n$ 为线性表的长度,即线性表中数据的个数。

算法的时间复杂度 $T(n)$ 实际上是表示当问题的规模 $n$ 充分大时,该程序运行时间的一个数量级,用 O 表示。比较两个算法的时间复杂度时,不是比较两个算法对应程序的具体执行时间,这涉及编程语言、编程水平、计算机速度等多种因素,而是比较两个算法相对于问题规模 $n$ 所耗费时间的数量级。

例如,比较线性表的顺序查找和折半查找算法。对于顺序查找算法,由于其平均查找次数为 n/2(查找语句平均重复执行 n/2 次),所以其时间复杂度为 O(n),n/2 和 n 是一个数量级;而折半查找的查找次数为 $\log_2 n$(查找语句重复执行 $\log_2 n$ 次),所以折半查找算法的时间复杂度为 $O(\log_2 n)$。相对于顺序查找,n 值越大,折半查找的速度优势越明显,但折半查找的基础是线性表中的数据要有序。

3) 算法的空间复杂度

算法的空间复杂度是指依据算法编写出程序后,在计算机上运行时所需内存空间大小的度量,也是和问题规模 n 有关的度量。

4) 算法的可理解性

算法主要是为了人们的阅读与交流,可理解性好的算法有利于人们的正确理解,有利于程序员据此编写出正确的程序。

## 3.6.2　程序设计风格

早期的程序设计,由于计算机速度比较慢、存储容量比较小,在实现功能的基础上,强调的是效率第一,比较注重编程技巧。但是,随着计算机性能的提高以及程序规模的逐渐变大,这种模式的缺点日渐明显,最主要的是程序难以阅读和理解,难以找到程序中存在的错误,难以改正程序中的错误,这种缺点有时是致命的,耗时、耗力编写出来的程序无法投入使用,只能重新编写。就如同没有资质的包工队用盖平房的模式去建几十层的高楼大厦,是很难如期完工的,即使勉强盖起来了,也由于各种质量问题而无法投入使用,只能拆掉重建。

人们在总结较大规模程序设计经验教训的基础上,提出了保证程序质量的良好的程序设计规范,我们应认真理解这些规范,在编程实践中逐步形成良好的程序设计风格,这对有志于从事程序设计和软件开发的编程人员来说是至关重要的。

对于编写较大规模的程序,在实现功能的基础上,强调的是清晰第一,编写的程序要易于理解,易于找到程序中存在的错误,易于改正错误。基于此,良好的程序风格主要包括如下几个方面:

(1) 标识符的命名在符合命名规则的基础上要风格统一、见名知义。

(2) 一般一行写一条语句,一条长语句可以写在多行上,但尽量不要把多条语句写在一行上。

(3) 采用缩进格式,即同一层次的语句要对齐,低层次的语句要缩进若干个字符,这既是 Python 语言的要求,也能够比较清楚地表达出程序的结构,增加程序的可读性。

(4) 适当书写注释信息,注释是对程序、程序段或语句所做的说明,有助于阅读者对程序的理解。

## 习　题　3

1. 写出下列描述的 Python 表达式形式:

(1) 85≤x≤100

(2) a 和 b 中至少有 1 个能够被 5 整除

(3) a 是 3 的倍数并且 b 不是 3 的倍数

（4）a 和 b 中，一个是奇数，一个是偶数

（5）构成三角形的条件，3 个边长分别用 a、b、c 表示

2．举例说明 for 循环语句和 while 循环语句的区别。

3．举例说明语句块的构成。

4．举例说明 break 语句和 continue 语句的不同作用。

5．编写程序，从键盘输入一门课程的考试成绩，统计不及格人数和 90 分以上的人数并输出。

6．编写程序，将 100～200 能够被 3 整除，但不能被 5 整除的数据及其个数输出。

7．编写程序，接收用户输入的两个整数值，如果第一个数值为奇数，则输出结果为第一个数值减去第二个数值的差；如果第一个数值为偶数，则输出结果为第一个数值加上第二个数值的和。

8．编写程序，输出斐波那契（Fibonnacci）数列的前 n 项，n 的值由键盘输入，数列的定义如下：

$$a_1 = 1, \quad a_2 = 1, \quad a_n = a_{n-1} + a_{n-2} \quad (n \geqslant 3)$$

9．编写程序，找出 1000 以内的"完数"并输出，同时输出找出的完数个数。所谓"完数"就是数本身等于其各因子之和的数，如 6＝1＋2＋3。

10．两个乒乓球队进行比赛，各出 3 人。甲队 3 人为 A、B、C，乙队 3 人为 X、Y、Z，已经抽签决定比赛的对阵名单。有人向甲队队员询问比赛名单，A 说他不和 X 比，C 说他不和 X、Z 比，编写程序输出比赛的对阵名单。

# 第4章 组合数据类型与字符串

在解决实际问题时,常常遇到批量数据的处理,例如全班学生某门课程的考试成绩,包括学号、姓名、性别、年龄、专业在内的学生信息等,这些数据定义成组合数据类型更便于处理。不仅如此,如果要编写程序进行数学中的矩阵运算、向量运算等,都可以使用组合数据类型。更复杂一些的数据,例如全班学生若干门课程的考试成绩,若干本书的书名、书号、定价等,也可以组织成组合数据类型进行处理。在 Python 中,组合数据类型包括列表、元组、字典和集合。字符串具有组合类型的部分性质。

## 4.1 列表

列表(list)是包含 0 个或多个数据的有序序列,其中的每个数据称为元素,列表的元素个数(列表长度)和元素内容都是可以改变的。使用列表,能够灵活方便地对批量数据进行组织和处理。

### 4.1.1 创建列表

创建列表的语法格式如下:

**列表名＝[值 1,值 2,值 3,…,值 n]**

功能:把一组值放在一对方括号内组织成列表值并赋值给一个列表变量。列表值可以是有 0 个、1 个或多个,如果有多个列表值,值与值之间用逗号分隔。

示例:

```
>>>list1=[78,62,93,85,68]
>>>list2=["2018001","张三","男",19,"金融学"]
>>>list3=[36]
>>>list4=[]
```

list1 由 5 个相同类型的整数构成,list2 由 5 个不同类型的数据构成,list3 只包含一个值,list4 为不包含任何元素的空列表。列表是一种灵活的数据类型,其元素的类型可以相同,也可以不同;可以有若干个元素,也可以只有一个元素,还可以没有任何元素。列表中的元素可以是整数、浮点数、字符串等简单类型值,也可以是列表、元组、字典、集合等组合类型值。

也可以通过 list()函数创建列表,例如:

```
>>>list5=list((2,3,5,7,9))    #等价于 list5=[2,3,5,7,9]
```

```
>>>list6=list(range(1,6))          #等价于 list6=[1,2,3,4,5]
>>>list7=list("Python程序")        #等价于 list7=['P','y','t','h','o','n','程','序']
>>>list8=list()                     #等价于 list8=[]
```

对于有规律的列表元素,也可以使用列表推导式创建,推导式语法格式如下:

**[表达式 for 变量 in 序列]**

示例:

```
>>>list9=[i for i in range(10,30,5)]          #等价于 list9=[10,15,20,25]
>>>list10=[1/i for i in range(1,4)]           #等价于 list10=[1.0,0.5,0.33]
```

为节省存储空间,对于不用的列表要及时予以删除,语法格式如下:

**del 列表名**

示例:

```
>>>del list1                                   #删除列表 list1
```

列表被删除后不能继续使用,其所占用的内存空间被释放。

**注意**:最好不要用 list 作为列表名,因为 list 是 Python 的一个内置函数名。虽然用 list 作为列表名可以创建一个列表,但会使 list()函数失去作用。同样,也不要将 tuple、dict 和 set 分别用作元组名、字典名和集合名,它们也都是 Python 的内置函数名。

## 4.1.2　访问列表

列表创建后就可以访问使用。对列表的访问,除了可以整体赋值外,常用的方式是访问其中的元素,语法格式如下:

**列表名[索引值]**

列表是序列类型,其中的元素按所在的位置顺序都有一个唯一的索引值(序号),通过这个索引值可以访问到指定的元素。系统为列表元素设置了两套索引:正向索引和逆向索引,正向索引取值为 0、1、2、…,分别对应第1、第2、第3个元素等;逆向索引取值为−1、−2、−3、……,分别对应倒数第1、倒数第2、倒数第3个元素等。两套索引的设置,为编程人员访问列表带来了很大方便。需要注意的是,正向索引值从 0 开始递增,逆向索引值从 −1 开始递减。

对于 list2=["2018001","张三","男",19,"金融学"],系统为其设定的索引值如图 4.1 所示。

图 4.1　列表的索引值

list2[0]与 list2[-5]的值相同,为字符串"2018001"。

list2[3]与 list2[-2]的值相同,为整数 19。

list2[-1]与 list2[4]的值相同,为字符串"金融学"。

如果列表中不存在与给定索引值对应的元素,系统给出相应的错误提示信息,例如访问 list2[5]或 list2[-6]时,会给出此类提示信息。

**【例 4.1】** 统计一批成绩数据中大于或等于 90 分的个数。

问题分析:把一批成绩数据存入一个列表变量,通过遍历访问列表中的值,统计出大于或等于 90 分的个数。

```
#P0401_1.py
score_list=[78,82,92,67,90]          #创建成绩列表
num=0                                #计数器清 0
for i in range(0,5):                 #遍历列表中每一个数据
    if score_list[i]>=90:            #计算大于或等于 90 分的成绩个数
        num+=1
print("num=",num)                    #输出结果
```

上面的访问方式需要编程人员知道列表的长度,其实不知道列表的长度也能实现相应的功能。可以使用 len()函数自动计算列表的长度:

```
#P0401_2.py
score_list=[78,82,92,67,90]          #创建成绩列表
num=0                                #计数器清 0
for i in range(0,len(score_list)):   #遍历列表中每一个数据,自动计算列表的长度
    if score_list[i]>=90:            #计算大于或等于 90 分的成绩个数
        num+=1
print("num=",num)                    #输出结果
```

还可以直接访问列表中的元素,程序中不用列表的长度:

```
#P0401_3.py
score_list=[78,82,92,67,90]
num=0
for score in score_list:             #直接遍历访问列表中的元素,不用列表的长度
    if score>=90:
        num+=1
print("num=",num)
```

## 4.1.3  更新列表

列表创建后,其中的元素值是可以修改的,除此之外,还可以向列表中增加元素和删除列表中的已有元素,即列表的长度也是可以改变的。

### 1. 增加列表元素

增加列表元素的语法格式如下:

**列表名.append(新增元素值)**

或

**列表名.insert(索引值,新增元素值)**

这里,append()函数用于在列表的末尾追加元素,insert()函数用于在列表的指定位置插入元素。在指定位置插入元素,涉及内存单元中数据的移动,耗费时间较多。如果有多个元素需要插入列表,可以先用 append()函数追加到列表的末尾后再进行排序的方式,能节省时间。

示例:

```
>>>list1=[2,3,5,9,11]          #创建列表,初值为[2,3,5,9,11]
>>>list1.append(13)            #在列表的尾部追加数值 13,列表值变为[2,3,5,9,11,13]
>>>list1.insert(3,7)           #在指定位置插入数值 7,列表值变为[2,3,5,7,9,11,13]
```

### 2. 删除列表元素

删除列表元素的语法格式如下:

**列表名.remove(元素值)**

或

**del 列表名[索引值]**

或

**del 列表名**

这里,remove()函数用于从列表中删除指定的值,若有多个值和指定值相同,只删除第一个。del 格式用于删除和指定索引值对应的列表元素值或删除整个列表。

示例:

```
>>>list1.remove(11)           #删除列表中的值 11
>>>del list1[2]               #删除列表中索引值为 2 的元素(索引值从 0 开始)
```

执行上面的操作后,列表 list1 的值由[2,3,5,7,9,11,13]变为[2,3,7,9,13]。

```
>>>del list1                  #删除整个 list1 列表
```

### 3. 修改列表元素值

修改列表元素值的语法格式如下:

**列表名[索引值]=新元素值**

通过赋值语句的形式,用新元素值替换指定位置的现有元素值。

示例:

```
>>>list2=["2018001","小明","男",19,"数学"]     #创建列表
>>>list2[1]="张小明"                           #修改索引值为 1 的元素值
>>>list2                                       #显示修改后的列表值
['2018001', '张小明', '男', 19, '数学']
```

```
>>>list2[-1:]=["金融学","二班"]          #修改最后一个元素值
>>>list2                                 #显示修改后的列表值
['2018001', '张小明', '男', 19, '金融学', '二班']
>>>list2[1:3]=["张明"]                    #修改索引值为 1 和 2 的元素值
>>>list2                                 #显示修改后的列表值
['2018001', '张明', 19, '金融学', '二班']
```

**说明：**

① 对于已创建列表，既可以修改某个指定索引值对应的元素值，也可以修改指定索引值范围内的若干个元素值；如果给定的新值个数少于指定范围内的元素值个数（如 list2[1:3]=["张明"]），则相当于删除元素值，如果给定的新值个数多于指定范围内的元素值个数（如 list2[-1:]=["金融学","二班"]），则相当于增加元素值。

② list2[i:j]指列表中的第 i～j-1 个元素，不包括第 j 个元素，正向索引值从 0 开始递增，逆向索引值从-1 开始递减；如果省略 i，默认从 0 开始；如果省略 j，默认到最后一个元素结束，包括最后一个元素。

### 4. 列表常用的操作

对于批量数据处理，列表有着强大灵活的功能，列表的常用操作见表 4.1，有些操作通过运算符实现，有些操作通过 Python 内置函数实现。

**表 4.1　列表的常用操作**

| 操作符（运算符或函数名） | 示例与功能描述 |
|---|---|
| + | li1+li2：连接两个列表 |
| * | li*n 或 n*li：将列表自身连接 n 次 |
| in | x in li：如果 x 是 li 的元素，返回 True，否则返回 False |
| not in | x not in li：如果 x 不是 li 的元素，返回 True，否则返回 False |
| [] | li[i]：定位列表中索引值为 i 的元素 |
| [::] | li[i:j:k]：切片操作，返回列表中索引值从 i 开始，到 j-1 结束（不包括 j），步长为 k 的若干个元素组成的列表。省略 i 时，默认从 0 开始；省略 j 时，默认到最后一个元素结束，包括最后一个元素；省略 k 时，默认步长值为 1，此时可同时省略 k 前面的冒号 |
| len（列表名） | len(li)：返回列表 li 的长度，即列表 li 中的元素个数 |
| max（列表名） | max(li)：返回列表 li 中的最大元素 |
| min（列表名） | min(li)：返回列表 li 中的最小元素 |
| sorted（列表名，reverse＝False/True） | sorted(li)：返回一个对 li 列表排好序的新列表，列表 li 中元素的顺序不变。当第 2 个参数取值 False 时可省略，此时按升序排序；当其取值为 True 时不可省略，此时按降序排列 |
| reversed（列表名） | reversed(li)：返回一个对列表 li 进行逆序操作后的迭代器，需要用 list(reversed(li))形式转换为列表 |
| sum（列表名） | sum(li)：如果列表中都是数值型元素，则返回累加和 |

| 操作符(运算符或函数名) | 示例与功能描述 |
| --- | --- |
| list(值序列) | list((2,4,6,8))：返回一个列表,元素值为[2,4,6,8] |
| 列表名.append(元素值) | li.append(a)：在列表 li 的尾部追加值为 a 的元素 |
| 列表名.insert(索引值,元素值) | li.insert(i,b)：在列表 li 的索引值为 i 的位置上插入值为 b 的元素 |
| 列表名.remove(元素值) | li.remove(c)：如果 c 是列表 li 中的元素,则从列表中删除一个值为 c 的元素;如果 c 不是列表中的元素,则报错 |

注：表中 li、li1、li2 都是已存在的列表名

示例：

```
>>>li1=[2,6,4,8]                    #直接创建列表
>>>li2=[7,5,1,3]                    #直接创建列表
>>>li3=li1+li2                      #把两个现有列表连接成一个新列表
>>>li3                             #显示列表 li3 的值
[2, 6, 4, 8, 7, 5, 1, 3]
>>>li4=li1*2                       #现有列表自身连接成新列表
>>>li4
[2, 6, 4, 8, 2, 6, 4, 8]
>>>li5=li3[1:7:2]                  #对现有列表进行切片操作,得到新列表
>>>li5
[6, 8, 5]
>>>sum(li1)                        #计算列表各元素的累加和
20
>>>li6=sorted(li3,reverse=True)    #对现有列表元素排序,得到新列表
>>>li6
[8, 7, 6, 5, 4, 3, 2, 1]
>>>li7=list(reversed(li6))         #对现有列表进行逆序操作,得到新列表
>>>li7
[1, 2, 3, 4, 5, 6, 7, 8]
```

【例 4.2】　学生的基本信息包括学号、姓名、性别、年龄和所学专业等,编写程序实现按姓名查找学生信息。

问题分析：把若干个学生的基本信息存入一个列表,每个学生的信息也是一个列表,根据输入的学生姓名查找学生信息。

```
#P0402.py
stu_list=[["2018001","小明","男",18,"数学"],
         ["2018102","小花","女",19,"英语"],
         ["2018006","小莲","女",18,"数学"],
         ["2018509","小亮","男",20,"化学"]]
name=input("请输入要查找学生的姓名：")
list_len=len(stu_list)             #计算列表 stu_list 的长度
find=False                         #设定标记值
for i in range(0,list_len):        #设定循环次数
```

```
        if name==stu_list[i][1]:              #输入的姓名值和列表中的姓名值逐一进行比较
            print(stu_list[i])                #如果相等,则输出对应的学生信息
            find=True                         #标记值改为 True
    if not find:                              #如果标记值仍为 False,则没有要找的学生信息
        print("列表中没有要找的学生信息!")
```

**说明:**

① 定义列表 stu_list 时,由于数据元素较多,一行书写不下,可以写在多行。Python 规定,如果语句中有括号(包括小括号、中括号和大括号),可以在任意位置断行;如果没有括号,需要在断开的位置加写一个反斜杠(\)符号,表示该行还没有结束,此种规定只适用于程序文件方式,不适用于命令行方式。

② 把上面程序中的 if name==stu_list[i][1]改为 if name in stu_list[i][1],输入全名或名字中的一个字也能实现查找功能。可以认为,前者是精确查找,后者是模糊查找,模糊查找具有更好的适用性。

**【例 4.3】** 一个班有若干名学生,每名学生有若干门课程的成绩,编写程序计算每个学生的总成绩和平均成绩并输出。

问题分析:每个学生若干门课程的成绩可存入一个列表,称为成绩列表;每个成绩列表作为元素组成另一个列表,称为学生列表。

```
#P0403.py
stu_list=[]                                   #创建学生列表,初值为空
stu_num=int(input("请输入学生人数:"))
course_num=int(input("请输入课程门数:"))
print("请输入{}名学生的成绩".format(stu_num))
for i in range(0,stu_num):                    #输入若干名学生的成绩
    print("请输入一名学生{}门课的成绩".format(course_num))
    score_list=[]                             #创建成绩列表,初值为空
    for j in range(0,course_num):             #输入一名学生的若干个成绩
        score=int(input("请输入一个成绩值:"))
        score_list.append(score)              #把一个成绩存入成绩列表
    stu_list.append(score_list)               #把一名学生的若干个成绩存入学生列表
print(stu_list)                               #输出学生列表中的值
stu_list2=[]
for i in range(0,stu_num):
    score_list2=[]
    score_sum=0
    for j in range(0,course_num):
        score_sum+=stu_list[i][j]             #计算一个学生的总成绩
    score_ave=score_sum//course_num           #计算一个学生的平均成绩
    score_list2.append(score_sum)             #把总成绩加入成绩列表
    score_list2.append(score_ave)             #把平均成绩加入成绩列表
    stu_list2.append(score_list2)             #把总成绩平均成绩列表加入学生列表
for i in range(0,stu_num):
    print("成绩值={}".format(stu_list[i]),end="\t\t")
```

```
print("总成绩={}".format(stu_list2[i][0]),end="\t")
print("平均成绩={}".format(stu_list2[i][1]))
```

**说明**：程序中用到的 print("ABCD",end="\t")形式,其中的 end="\t"的功能是在输出字符串"ABCD"后不换行,紧接着把光标移到下一个 Tab 键的位置,也可以是 end=" "(空格)、end=""(空字符串)等形式。试比较如下几个程序段的不同:

```
print("Python")                    #输出字符串"Python"后换行
print("程序设计")
```

输出结果如下(分两行输出):

```
Python
程序设计
```

```
print("Python",end="\t")           #输出"Python"后光标移到下一个 Tab 键位置
print("程序设计")
```

输出结果如下(在同一行输出):

```
Python      程序设计
```

```
print("Python",end=" ")            #输出"Python"后紧接着输出一个空格
print("程序设计")
```

输出结果如下(在同一行输出):

```
Python 程序设计
```

```
print("Python",end="")             #输出"Python"后光标不移动
print("程序设计")
```

输出结果如下(两个字符串紧挨着输出):

```
Python程序设计
```

**【例 4.4】**　输出杨辉三角形前 n 行的数据,n 的值由用户输入。

问题分析:6 行的杨辉三角形如图 4.2 所示,从图中可以看出,第 1 列的值全为 1,行、列号相同的位置(如第 2 行的第 2 列、第 3 行的第 3 列等),其值也全为 1,其他位置的值等于正上方位置值和左上方位置值之和(如第 6 行第 3 列的值等于第 5 行第 3 列的值加上第 5 行第 2 列的值)。可以把整

```
1
1   1
1   2   1
1   3   3   1
1   4   6   4   1
1   5   10  10  5   1
```

**图 4.2　杨辉三角形数据(6 行)**

个杨辉三角形的数据存入一个列表(yanghui_list),其中的每个元素(代表三角形中每行的数据)也是一个列表(row_list)。在程序中,逐行生成数据,并存入行列表 row_list 和三角形列表 yanghui_list。

```
#P0404.py
yanghui_list=[[1],[1,1]]            #创建三角形列表,并设定前两行的值
n=int(input("n="))                 #输入要输出的杨辉三角形的行数
for i in range(2,n):               #生成第 3 行至第 n 行的值
```

```
            row_list=list()                  #创建初值为空的行列表
            for j in range(i+1):             #设定行列表中各元素的值为 0
                row_list.append(0)
            row_list[0]=1                    #改第 1 列的值为 1
            row_list[i]=1                    #改第 i+1 列的值为 1,该行为第 i+1 行
            for k in range(1,i):             #改本行中第 2 列至第 i 列的值
                row_list[k]=yanghui_list[i-1][k-1]+yanghui_list[i-1][k]
            yanghui_list.append(row_list)    #把一行数据作为元素追加到三角形列表
    for i in range(n):                       #用二重循环输出三角形列表的值
        for k in range(i+1):
            print(yanghui_list[i][k],end="\t")
        print("\n")
```

**说明**：如果一个列表中的元素也是列表，其实表示的是二维表或二维数组，即对于其他高级语言中的二维数组，在 Python 中可以用元素为列表的列表表示。对于二维表数据，本书中用第 1 行、第 2 行、第 3 行、……，第 1 列、第 2 列、第 3 列、…… 来表示，但要注意正向索引值是从 0 开始。对于如图 4.3 所示的二维表数据，可以定义为如下列表：

| 1 | 2 | 3 | 4 |
| 5 | 6 | 7 | 8 |
| 9 | 10 | 11 | 12 |

**图 4.3　二维表数据**

```
data_list=[[1,2,3,4],[5,6,7,8],[9,10,11,12]]
```

data_list[0][0]表示第 1 行第 1 列数据（其值为 1）、data_list[2][3]表示第 3 行第 4 列数据（其值为 12）。

# 4.2　元组

元组（tuple）可以看作具有固定值的列表，对元组的访问与列表类似，但元组创建后不能修改，既不能修改其元素值，也不能增加和删除元素，元组功能不如列表强大、灵活，但处理数据的效率更高，对于一旦确定不再变化的批量数据处理更有优势。

## 4.2.1　创建元组

创建元组的语法格式如下：

**元组名=(值 1,值 2,值 3,…,值 n)**

功能：把一组值组合为一个元组，并赋值给一个元组变量。

创建元组与创建列表的相同点：如果有多个元素，元素值之间用逗号分开，元素值既可以是简单类型，也可以是组合类型。创建元组与创建列表的不同点：创建元组时是把一组值放在一对圆括号中，在不引起歧义的情形下圆括号也可以省略不用，而创建列表时是把一组值放在一对方括号中，而且方括号不能省略。

示例：

```
>>>tu1= (78,62,93,85,68)              #由多个同类型的值构成
>>>tu2=("2018001","张三","男",19,"金融学")   #由多个不同类型的值构成
```

```
>>>tu3= ("2018001","张三",(78,62,93,85,68))    #元素中包含元组
>>>tu4= (36,)                                   #只有一个元素的元组
>>>tu5= ()                                      #没有元素的元组
```

对于只有一个元素的元组,元素值后面要跟有逗号,否则被认为是一个表达式,例如:

```
>>>tu4= (36,)                                   #tu4 的类型为元组
>>>tu6= (36)                                    #tu6 的类型为整型,等价于 tu6=36
```

和创建列表类似,创建元组除了直接写出各元素值外,还可以利用 tuple()函数和推导式完成,例如:

```
>>>tu7=tuple()                                  #等价于 tu7= ()
>>>tu8=tuple("程序设计")                         #等价于 tu8= ("程","序","设","计")
>>>tu9= (i for i in range(10,30,5))             #等价于 tu9= (10,15,20,25)
```

## 4.2.2　访问元组

对元组元素的访问与对列表元素的访问类似,语法格式如下:

**元组名[索引值]**

示例:

```
>>>tu2= ("2018001","张三","男",19,"金融学")
>>>tu2[1]                                       #值为字符串"张三"
>>>tu2[-1]                                      #值为字符串"金融学"
>>>tu2[0:2]                                     #值为元组 ("2018001","张三")
>>>tu2[1:]                                      #值为元组 ("张三","男",19,"金融学")
```

## 4.2.3　元组与列表的异同

元组与列表都是序列型数据,表 4.1 中针对列表的各操作符和函数也都能在元组上进行类似操作(更新操作除外)。
示例:

```
>>>tu1= (2,6,4,8)                               #直接创建元组
>>>tu2= (7,5,1,3)                               #直接创建元组
>>>tu3=tu1+tu2                                  #把两个现有元组连接成一个新元组
>>>tu3                                          #显示元组 tu3 的值
(2, 6, 4, 8, 7, 5, 1, 3)
>>>tu4=tu1 * 2                                  #现有元组自身连接成新元组
>>>tu4
(2, 6, 4, 8, 2, 6, 4, 8)
>>>tu5=tu3[1:7:2]                               #对现有元组进行切片操作,得到新元组
>>>tu5
(6, 8, 5)
>>>sum(tu1)                                     #计算元组各元素的累加和
```

```
20
>>>tu6=sorted(tu3,reverse=True)              #对现有元组元素排序,得到新元组
>>>tu6
(8, 7, 6, 5, 4, 3, 2, 1)
>>>tu7=list(reversed(tu6))                    #对现有元组进行逆序操作,得到新元组
>>>tu7
(1, 2, 3, 4, 5, 6, 7, 8)
```

元组与列表的主要区别在于:元组是不可改变的,元组创建后不能进行更新,既不能修改各元素的值,也不能增加或删除元素;列表是可变的,列表创建后,既可以修改已有元素的值,也可以增加新元素或删除现存元素。由于 Python 对元组进行了一系列优化工作,使用元组,数据处理效率比较高。

对于可变的批量数据,应该使用列表存储和处理;而对于不变的批量数据,可以选择使用元组存储和处理。对于杨辉三角形的生成,就需要用列表,因为各行的数据是逐渐生成的,有更新操作;而对于向量或矩阵运算,由于某些环境下向量或矩阵的值是固定不变的,此时可考虑使用元组。

**【例 4.5】** 计算向量之间的距离。

问题分析:数据挖掘领域的分类与聚类的基础是计算各个样本属性向量之间的距离,距离小的样本相似度高,距离大的样本相似度低。

```
#P0405.py
import math
tup1=(1,0,2,3,1,5)                            #样本 1 的属性向量值
tup2=(2,1,1,3,2,4)                            #样本 2 的属性向量值
tup3=(3,2,1,1,4,5)                            #样本 3 的属性向量值
dis12=dis13=dis23=0                           #距离变量初值设定为 0
for i in range(6):                            #计算两两向量分量差平方的累加和
    dis12+=(tup1[i]-tup2[i])**2
    dis13+=(tup1[i]-tup3[i])**2
    dis23+=(tup2[i]-tup3[i])**2
dis12=math.sqrt(dis12)                        #计算样本 1 与 2 之间的距离
dis13=math.sqrt(dis13)                        #计算样本 1 与 3 之间的距离
dis23=math.sqrt(dis23)                        #计算样本 2 与 3 之间的距离
if dis12<=dis13 and dis12<=dis23:             #根据距离值判断样本之间的相似度
    print("1、2样本相似度比较高!")
if dis13<=dis12 and dis13<=dis23:
    print("1、3样本相似度比较高!")
if dis23<=dis12 and dis23<=dis13:
    print("2、3样本相似度比较高!")
```

**说明:**

① 两个向量之间的距离为:先计算对应元素(分量)差值平方的和,再开平方。

② 程序中用到了求平方根函数 sqrt(),该函数是 Python 内置函数库 math 中的函数,不能直接调用,需使用 import math 引入函数库后才能调用,调用格式为 math. sqrt()。

# 4.3　字典

一批数据存入列表或元组,查找或读取、修改某个数据元素时,需要给出该数据元素的索引值,数据量比较大时,记住数据元素的索引值不是一件容易的事情。如果能够按照某个关键字的值(学号、身份证号等)查找或者读取批量数据中的信息,则对数据的操作更为简单方便。以字典方式组织数据就可以实现按关键字查找和读取、修改信息。

## 4.3.1　创建字典

创建字典的语法格式如下:

**字典名={键 1:值 1,键 2:值 2,键 3:值 3,…,键 n:值 n}**

功能:字典也是由若干个元素组成,由一对大括号括起来,每个元素是一个"键-值"对的形式,"键-值"对之间用逗号分开。如果有多个"键"相同的"键-值"对,只保留最后一个。

示例:

```
>>>dic1={"数学":78,"语文":82,"英语":67,"计算机":91}    #课程名与成绩
>>>dic2={"小明":"数学","小花":"英语","小莲":"金融"}     #学生姓名与专业
>>>dic3={}                                          #创建一个空字典
```

还可以使用 dict()函数和推导式创建字典。例如:

```
>>>dic4=dict([["数学",78],["语文",82],["英语",67],["计算机",91]])
>>>dic5=dict((("数学",78),("语文",82),("英语",67),("计算机",91)))
>>>dic6=dict()                                      #创建一个空字典,等价于 dic3
>>>dic7={5:25,10:100,15:225,20:400,25:625}
>>>dic8={i:i * i for i in range(10,30,5)}           #等价于 dic7
>>>dic9={"数学":78,"语文":82,"英语":67,"数学":91}
>>>dic9
{'英语': 67, '语文': 82, '数学': 91}
```

## 4.3.2　访问字典

和列表、元组不同,字典是一个无序序列,其中的元素没有对应的索引值,元素的存储顺序(以及对应的显示顺序)可能与创建字典时的书写顺序不一致。对字典的访问是根据"键"来找对应的"值",语法格式如下:

**字典名[键]**

示例:

```
>>>score=dic1["计算机"]                              #获取"计算机"课程的考试成绩
>>>specialty=dic2["小莲"]                            #获取"小莲"的所学专业
```

可对字典进行操作的函数和方法如表 4.2 所示。

表 4.2　对字典进行操作的函数和方法

| 函数/方法 | 示例与功能描述 |
|---|---|
| 字典名.keys() | dic.key()：返回指定字典的所有"键" |
| 字典名.values() | dic.values()：返回指定字典的所有"值" |
| 字典名.items() | dic.items()：返回指定字典的所有"键-值"对 |
| 字典名.get(键,默认值) | dic.get(key,default)：存在与 key 相同的"键",则返回相应的"值",否则返回 default |
| 字典名.pop(键,默认值) | dic.pop(key,default)：存在与 key 相同的"键",则返回相应的"值",同时删除"键-值"对,否则返回 default |
| 字典名.popitem() | dic.popitem()：随机从字典中取出一个"键-值"对,以元组(键,值)形式返回,该"键-值"对从字典中删除 |
| 字典名.clear() | dic.clear()：删除指定字典的所有"键-值"对,变为空字典 |
| del 字典名[键] | del dic[key]：删除字典中"键"为 key 的"键-值"对。 |
| 键 in 字典名 | key in dic：存在与 key 相同的"键",则返回 True,否则返回 False |

注：dic 是已存在的字典名。

示例：

```
>>>dic={"数学":78,"语文":82,"英语":67,"计算机":91}
>>>dic.keys()
dict_keys(['计算机', '语文', '英语', '数学'])
>>>dic.items()
dict_items([('计算机', 91), ('语文', 82), ('英语', 67), ('数学', 78)])
>>>dic.get("计算机",60)
91
>>>dic.get("物理",60)
60
>>>"语文" in dic
True
>>>"化学" in dic
False
>>>dic.popitem()
('计算机', 91)
```

## 4.3.3　更新字典

### 1. 增加元素与修改元素值

使用赋值语句可以增加元素或者修改现有元素的值,语法格式如下：

**字典名[键]=值**

如果在字典中没有找到指定的"键",则在字典中增加一个"键-值"对；如果找到,则用指定的"值"替换现有值。该语句既能增加元素,又能修改元素值。使用此功能要仔细,否则本来要进行修改操作,由于"键"没写对,实际是完成了增加元素功能。

示例：

```
>>>dic1={"数学":78,"语文":82,"英语":67,"计算机":91}
>>>dic1["英语"]=76                    #修改"英语"成绩为 76
>>>dic1
{'语文': 82, '英语': 76, '计算机': 91, '数学': 78}
>>>dic1["法语"]=76                    #如果修改时把"英语"误写为"法语"
>>>dic1                              #等同于增加了一个元素 ("法语":76)
{'法语': 76, '语文': 82, '英语': 67, '计算机': 91, '数学': 78}
```

还可以使用 setdefault()函数增加元素或读取元素的值,语法格式如下：

**setdefault(键,值)**

如果找到指定的"键",则读取对应的"值";否则,新增一个"键-值"对,即新增一个元素。例如：

```
>>>dic1.setdefault("英语",76)       #读取"英语"成绩 67
>>>dic1.setdefault("物理",76)       #新增元素"物理":76
```

还可以使用 update()函数进行字典的合并,语法格式如下：

**字典名 1.update(字典名 2)**

如果两个字典的"键"没有相同的,则把字典 2 的"键-值"对添加到字典 1 中(实现两个字典的合并);如果有相同的,则用字典 2 中的值修改字典 1 中相同"键"的对应"值"。

示例：

```
>>>dic1={"数学":78,"语文":82,"英语":67,"计算机":91}
>>>dic2={"英语":76,"物理":86}
>>>dic1.update(dict2)
>>>dic1
{'语文': 82, '英语': 76, '数学': 78, '物理': 86, '计算机': 91}
```

## 2. 删除元素与删除字典

删除元素与删除字典的语法格式如下：

**del 字典名[键]**

如果在字典中找到指定的"键",则删除"键"和对应的"值";如果没有找到指定的"键",则会报错。如果只有字典名,则删除整个字典。

示例：

```
>>>del dic1["物理"]
>>>del dic2
```

也可以通过 del()函数删除元素,语法格式如下：

**del(字典名[键])**

和 del 语句的功能一样,也是删除字典中指定的"键"和对应的"值"。例如：

```
del(dic1["物理"])
```

还可以使用 pop()函数删除字典元素,语法格式如下:

**字典名.pop(键,值)**

如果字典中存在指定的"键",则返回对应的"值",同时删除该"键-值"对;如果指定的
"键"不存在,返回函数中给出的"值"。例如:

```
>>>dic1={"数学":78,"语文":82,"英语":67,"计算机":91}
>>>dic1.pop("数学":60)      #由于存在"数学",函数返回值为 78,删除"键-值"对"数学":78
>>>dic1.pop("化学":60)      #由于不存在"化学",函数返回值为 60
```

**【例 4.6】** 利用字典统计学生修读课程的总成绩和平均成绩。

问题分析:把某位同学修读课程的课程名及成绩以字典的方式存储,然后通过遍历字
典的方式对成绩进行统计计算。

```
#P0406.py
dic1={"数学":78,"语文":82,"英语":67,"计算机":91}
dic2=dic1.copy()                         #复制字典值给 dic2
num=total=0
while dic2:                              #当字典 dic2 不为空时
    name,score=dic2.popitem()           #取出一对(课程名,成绩)值,并从字典中删除
    num+=1                               #课程门数加 1
    total+=score                        #成绩累加
ave=total//num                          #计算成绩的平均值
print("{}门课程的平均成绩={}".format(num,ave))
```

**【例 4.7】** 基于字典实现学生信息管理。

问题分析:可以把学生信息组织成一个字典,以学号为"键",其他信息为"值",但这个
"值"又是一个字典,在这种数据组织方式下,可以方便地实现查找、统计、修改等功能,如下
程序实现了按输入查找某个专业的学生信息的功能。

```
#P0407.py
students={
    "2018001":{"姓名":"小明","性别":"男","年龄":18,"专业":"数学"},
    "2018002":{"姓名":"小花","性别":"女","年龄":19,"专业":"英语"},
    "2018006":{"姓名":"小莲","性别":"女","年龄":18,"专业":"数学"},
    "2018009":{"姓名":"小亮","性别":"男","年龄":20,"专业":"化学"}
}
specialty=input("请输入要查找的专业: ")
for stu_number,stu_info in students.items():
    if stu_info["专业"]==specialty:        #查找所有指定专业的学生
        print(stu_number,end=" ")
        print(stu_info["姓名"],stu_info["性别"],stu_info["年龄"],stu_info["专业"])
```

采用字典方式存储数据的优点是:如果字典的结构有所变化,增加或减少了"键-值"对,
程序仍能执行并得到正确结果。

## 4.4　集合

### 4.4.1　创建集合

可以使用赋值语句创建集合,语法格式如下:

**集合名={元素 1,元素 2,元素 3,…,元素 n}**

集合元素用一对大括号括起来,如果有多个元素,元素之间用逗号分隔。和创建列表、元组不同,如果有重复的元素,则只保留一个元素。

示例:

```
>>>set1={0,2,4,6,8}
>>>set2={1,3,5,7,9,1,7}          #等价于 set2={1,3,5,7,9}
>>>set3={"星期一","星期二","星期三","星期四","星期五"}
>>>set4={("大学计算机",92),("高等数学",86),("大学英语",78)}
```

创建集合也可以使用 set()函数,语法格式如下:

**集合名=set(列表或元组)**

示例:

```
>>>set5=set()                    #创建空集合
>>>set6=set([1,2,3,4,5])
>>>set7=set((1,2,3,4,5))
>>>set8=set(n for n in range(1,6))
```

后 3 个集合具有相同的元素。需要注意的是,set9={}创建的是空字典,创建空集合要用 set9=set()形式,即要用 set()函数创建空集合。

### 4.4.2　访问集合

对于集合的访问,既不能像列表和元组可以通过索引值访问,也不能像字典可以通过“键”访问,只能遍历访问集合中的所有元素。

【例 4.8】　利用集合统计学生修读课程的总成绩和平均成绩。

问题分析:把一位同学修读的每门课程的课程名和相应的成绩组织成元组,再把这样的若干个元组组织成集合,基于对集合和集合中元组的操作,可以计算出该同学的总成绩和平均成绩。

```
#P0408.py
score_set={("大学计算机",92),("高等数学",86),("大学英语",78)}
total_score=0                    #总成绩初值设置为 0
course_num=0                     #课程门数初值设置为 0
for item in score_set:
    total_score+=item[1]         #成绩值累加,item 为元组变量
```

```
        course_num+=1                        #课程门数加 1
ave_score=total_score//course_num
print("总成绩=",total_score)
print("平均成绩=",ave_score)
```

## 4.4.3  更新集合

由于不能指定集合中的某个元素,所以无法修改现有元素的值,只能增加或删除元素。

### 1. 增加元素

增加集合元素通过 add()函数实现,语法格式如下:

**集合名.add(值)**

功能:把指定的值增加到指定的集合中。

示例:

```
>>>set1={2,4,6,8}
>>>set1.add(0)                        #为集合 set1 增加元素 0
>>>set4={("大学计算机",92),("高等数学",86),("大学英语",78)}
>>>set4.add(("大学物理",65))
```

为集合 set4 增加元素("大学物理",65),一对圆括号不能少。

也可以使用 update()函数为集合增加元素,语法格式如下:

**集合名 1.update(集合 2)**

功能:把集合 2 的值追加到集合 1 中,集合 2 可以是集合名,也可以是集合值,可以看作把集合 2 的元素合并到集合 1 中(并集操作)。如果某个新元素与集合中现有元素重复,则不增加该元素。

示例:

```
>>>set1={0,2,4,6,8}
>>>set3={2,3,4,5,7,11}
>>>set1.update(set3)
```

等价于

```
set1.update({2,3,4,5,7,11})
```

结果为

```
{0,2,3,4,5,6,7,8,11}
```

### 2. 删除元素

删除集合元素通过 remove()函数实现,语法格式如下:

**集合名.remove(元素值)**

从指定集合中删除指定的元素值,如果集合中没有要删除的值,则会给出错误提示。

示例：

```
set1={0,2,4,6,8}
set1.remove(0)              #删除值 0
```

删除集合元素，也可以使用 discard()函数，语法格式如下：

**集合名.discard(元素值)**

与 remove()函数的功能和使用方法基本相同，不同之处是：若集合中没有要删除的元素值，则系统并不给出提示信息。

删除集合元素，还可以使用 pop()函数，语法格式如下：

**集合名.pop()**

从集合中随机删除一个元素，删除的元素值作为函数的返回值。

删除集合中所有元素，可使用 clear()函数，语法格式如下：

**集合名.clear()**

删除指定集合中的所有元素，集合成为空集合。

【例 4.9】　统计学生的生源地。

问题分析：包括生源地信息在内的学生信息存入字典。一般来说，会有多名学生来自于同一个生源地，通过遍历字典的方式找出所有学生的生源地并存入一个集合，由于相同的值在集合中只保留一个，最后集合中的元素值就是要统计的学生生源地。

```
#P0409.py
students={
"2018001":{"姓名":"张三","性别":"男","年龄":18,"生源地":"河北"},
"2018002":{"姓名":"李四","性别":"女","年龄":19,"生源地":"山西"},
"2018102":{"姓名":"王五","性别":"男","年龄":21,"生源地":"山西"},
"2018305":{"姓名":"赵六","性别":"女","年龄":20,"生源地":"北京"},
"2018516":{"姓名":"郑七","性别":"男","年龄":19,"生源地":"河北"},
}
stu_source=set()                         #创建初值为空的生源地集合
for stu_number,stu_info in students.items():
    stu_source.add(stu_info["生源地"])      #生源地值加入生源地集合
print("生源分布: ",end="")
for source in stu_source:
    print(source,end="  ")
```

至此，我们介绍了完了 Python 提供的用于处理批量数据的 4 种组合类型：列表、元组、字典和集合。列表和元组都是序列类型，可以通过索引值和切片来访问其中的某个元素或子序列，Python 为序列类型数据提供了正向和逆向两种索引方式，使得访问更为灵活和方便，列表和元组都可对应其他高级语言的一维数组和二维数组，列表创建后，元素值和元素的个数都是可以改变的，而元组一旦创建，元素值和元素个数都不能改变，用元组处理数据效率较高；字典是映射类型，可以通过"键"来查找对应的"值"；集合是集合型数据，集合的元素只能是不可变值,如整数、浮点数、字符串、元组等,列表、字典等可变值不能作为集合的元素。

# 4.5 字符串

字符串是一种常见的数据形式,也是 Python 中一种重要且提供了多种处理方式的数据类型,很多实际问题的解决需要用到字符串。第 2 章对字符串进行了简要的介绍,本节进行更为详细的介绍。

## 4.5.1 字符串变量的定义

在 Python 中,字符串常量是由一对引号括起来的字符序列,引号可以是单引号、双引号、三单引号、三双引号,'ABCD'、"ABCD"、'''ABCD'''、"""ABCD"""都是正确的字符串常量书写行形式。单引号、双引号比较常用。

在 Python 中,为变量赋值就是定义变量。定义字符串变量有两种常用方式:直接赋值方式和 input()函数方式。

### 1. 直接赋值

直接赋值的字符串变量定义格式如下:

**字符串变量名=字符串常量**

功能:把字符串常量的值赋给字符串变量。

示例:

```
>>>str1='欢迎选修"Python 程序设计"课程'
>>>str2="学好'大学计算机'课程有助于学好编程"
>>>str3='''"数据库技术及应用"是公共基础课程'''
>>>str4=str5="Python 语言程序设计"
>>>str6,str7,str8="Python","语言","程序设计"
```

说明:

① 使用一种引号形式书写字符串值时,其他引号形式可以作为该字符串中的字符出现,如分别赋值给变量 str1、str2、str3 的字符串常量值。

② 一个赋值语句可以给多个变量赋以相同的字符串常量值,如变量 str4 和 str5。

③ 一个赋值语句也可以给多个变量赋以不同的字符串常量值,如变量 str6、str7和 str8。

### 2. 使用 input()函数

使用 input()函数的字符串变量定义语法格式如下:

**字符串变量名=input("提示信息")**

功能:等待用户从键盘输入数据,并把输入的数据作为字符串常量赋给字符串变量。

示例:

```
>>>course_name=input("请输入课程名:")
```

执行该语句时,如果用户通过键盘输入:Python 语言程序设计,则 course_name 的取值为字符串"Python 语言程序设计",与变量 str8 的值相同。

**注意:**

① 用户输入数据时不需要输入引号。

② 提示信息的作用是给用户以提示,方便用户输入数据,可以没有,但一对圆括号不能省略;如果有提示信息,要以字符串的形式出现。

```
>>>course_score= input("请输入课程成绩:")
```

如果用户输入:86,则 couese_score 的取值为字符串"86",如果进行算数运算,需要先将其转换为整数。

## 4.5.2　字符串的访问

对于字符串,除了可以整体使用外,还有两种常用的访问方式:索引方式和切片方式。

**1. 索引方式**

索引访问方式也称为单字符访问方式,语法格式如下:

**字符串变量名[索引值]**

功能:从字符串中取出与索引值对应的一个字符。字符串中每个字符都对应一个索引值,有两种索引值设置方式:正向递增方式(从 0 开始)和逆向递减方式(从−1 开始)。

示例:

```
>>>str1=" Python 语言程序设计"
>>>ch1=str[2]              #值为"t"
>>>ch2=str[8]              #值为"程"
>>>ch3=[-1]               #值为"计"
```

**说明:**

① 正向索引的开始值为 0(不是 1),逆向索引的开始值为−1。

② 对于单个符号,不管是英文字符、数字字符,还是汉字(也可称为汉字字符),都按一个字符对应索引值。

**2. 切片方式**

切片访问方式也成为子串访问方式,语法格式如下:

**字符串变量[i:j:k]**

功能:从字符串中取出多个字符。其中,i 为开始位置,j 为结束位置(但取出的字符中不包括 j 位置上的字符,是截止到 j−1 位置上的字符),k 为步长。参数 i、j、k 都可以省略。在步长 k 的值为正数时,省略 i,其默认值为 0;省略 j,其默认值为正向最后一个字符的索引值加 1。在步长 k 的值为负数时,省略 i,其默认值为−1;省略 j,其默认值为逆向最后一个字符的索引值减 1。省略 k,其默认值为 1,其前面的冒号可以省略(当然也可以不省略),省略 i

或 j(或 i 和 j 都省略)时,二者之间的冒号不能省略。

示例:

```
>>>str1="Python 语言程序设计"
>>>str1[8:10]          #值为'程序'
>>>str1[8:-1:2]        #值为'程设'
>>>str1[:6]            #值为'Python'
>>>str1[8:]            #值为'程序设计'
>>>str1[::-1]          #值为'计设序程言语 nohtyP '
>>>str1[::]            #值为'Python 语言程序设计'
>>>str1[:]             #值为'Python 语言程序设计'
```

**说明**:切片就是从字符串中截取若干个连续或不连续的字符组成一个子串,截取的字符的位置由参数 i、j、k 决定。

## 4.5.3　字符串的运算

### 1. 字符串运算符

Python 中可以进行字符串的连接、比较以及判断子串等运算,运算符及功能如表 4.3 所示。

表 4.3　字符串运算符及功能

| 运　算　符 | 示例与功能描述 |
| --- | --- |
| ＋ | str1＋str2:连接字符串 str1 和 str2 |
| ＊ | str1＊n 或 n＊str1:字符串 str1 自身连接 n 次 |
| in | str1 in str2:如果 str1 是 str2 的子串,则返回 True,否则返回 False |
| not in | str1 not in str2:如果 str1 不是 str2 的子串,则返回 True,否则返回 False |
| <,<=,>,>=,<br>==,!= | str1<str2:如果 str1 小于 str2,则返回 True,否则返回 False<br>str1==str2:如果 str1 和 str2 相等,则返回 True,否则返回 False<br>其他比较运算类似 |

注:str1 和 str2 可以是字符串变量或字符串常量。

示例:

```
>>>str1="26"
>>>str2="79"
>>>str1+str2           #结果为字符串"2679",不是字符串"105",也不是数值 105
>>>str3="Python"
>>>str4="程序设计"
>>>str3+str4           #结果为字符串"Python 程序设计"
>>>str3*2              #结果为字符串"PythonPython"
>>>"程序" in str4      #结果为逻辑值 True
>>>"编程" in str4      #结果为逻辑值 False
>>>"abf">"abcd"        #结果为逻辑值 True
```

说明：在 Python 中,两个字符串 str1 和 str2 比较的依据是各字符的 Unicode 编码值（ASCII 码值）,具体比较规则说明如下：

① 如果 str1 和 str2 的长度相等,而且各对应字符也完全相同,则认为两个字符串相等。

② 如果 str1 和 str2 的对应字符不完全相同,则比较第一对不相同字符的 Unicode 编码值,编码值小的字符所在的字符串小。

③ 如果 str1 的长度 n1 小于 str2 的长度 n2,而且两个字符串的前 n1 个对应字符都相同,则认为字符串 str1 小。

**2. 字符串运算函数**

常用的 4 个字符串运算函数如表 4.4 所示。

表 4.4　常用的字符串运算函数

| 函　数　名 | 示例与功能描述 |
| --- | --- |
| len(字符串) | len(str1)：返回字符串 str 的长度,即字符串中字符的个数 |
| str(数值) | str(x)：返回数值 x 对应的字符串,可以带正负号 |
| chr(编码值) | chr(n)：返回整数 n 对应的字符,n 是一个编码值 |
| ord(字符) | ord(c)：返回字符 c 对应的编码值 |

注：表中的编码值是指 Unicode 编码值。

示例：

```
>>>len("Python 程序设计")      #结果为 10,英文字母和汉字都按一个字符计算
>>>str(-67.5)                #结果为字符串"-67.5"
>>>chr(65)                   #结果为字符串"A"
>>>ord("A")                  #结果为整数 65
```

**3. 字符串处理方法**

作为一种面向对象程序设计语言,Python 把每种数据类型都封装为一个类,类内提供有若干个函数,用于对类内数据进行处理,这种函数称为“方法”,内置的字符串类型的常用处理方法如表 4.5 所示。

表 4.5　内置的字符串类型的常用处理方法

| 方法名(函数名) | 功　能　描　述 |
| --- | --- |
| str1. lower() | 将 str1 中的所有英文字符转换为小写作为返回值,str1 本身不变 |
| str1. upper() | 将 str1 中的所有英文字符转换为大写作为返回值,str1 本身不变 |
| str1. capitalize() | 将 str1 中的首字母转换为大写作为返回值,str1 本身不变 |
| str1. title() | 将 str1 中每个单词的首字母转换为大写作为返回值,str1 本身不变 |
| str1. replace(s1,s2,n) | 将 str1 中的 s1 子串替换为 s2,如果没有给出 n 选项,则替换所有的 s1 子串；如果有 n 选项,则替换前 n 个 |
| str1. split(sep,n) | 将字符串 str1 分解为一个列表,sep 为分隔符(默认为空格),n 为分解出的子串个数,默认为所有子串 |

| 方法名（函数名） | 功 能 描 述 |
| --- | --- |
| str1. find(str2) | 如果 str2 是 str1 的子串,则返回 str2 在 str1 中的开始位置,否则返回－1 |
| str1. count(str2) | 返回 str2 在 str1 中出现的次数 |
| str1. isnumeric() | 如果 str1 中的字符都是数字字符,则返回 True,否则返回 False |
| str1. isalpha() | 如果 str1 中的字符都是字母或汉字,则返回 True,否则返回 False |
| str1. isupper() | 如果 str1 中的字母都是大写,则返回 True,否则返回 False |
| str1. islower() | 如果 str1 中的字母都是小写,则返回 True,否则返回 False |
| str1. format() | 对字符串 str1 进行格式设置 |

注：str1 和 str2 是字符串变量名或字符串常量。

示例：

```
>>>"Python".lower()
'python'
>>>"Python".upper()
'PYTHON'
>>>"python language".capitalize()
'Python language'
>>>"python language".title()
'Python Language'
>>>"C language".replace("C","C++")
'C++ language'
>>>"Python Language Programming".split()
['Python', 'Language', 'Programming']
>>>"Python Language".find("ang")
8
>>>"Python Language".count("a")
2
```

**说明**：对于函数（方法）的调用,即使没有参数,函数名后面的一对圆括号也要保留。

【例 4.10】 从键盘输入账号和密码,账号不区分字母的大小写,密码区分字母的大小写。

问题分析：把每个用户的账号和密码设定成元组中的一个元素,用户输入的账号和密码要与系统中的设定相符,才能进入系统。账号可以模糊一致（不区分字母的大小写）,密码要严格一致（区分字母的大小写）,如果输入 3 次都对不上,则退出登录。

```
#P0410.py
tup=(["zhao","aBc"],["qian","deF"],["sun","IJk"],["li","XyZ"])
for i in range(3):
    name=input("账号=")
    keyword=input("密码=")
    for item in tup:
```

```
            if item[0]==name.lower() and item[1]==keyword:
                print("欢迎进入成绩信息查询系统!")
                break
        else:
            print("账号或密码错误,请重新输入!")
            continue
        break
else:
    print("已连续 3 次账号或密码错误,退出登录!")
```

**说明**：仔细体会程序中两个 break 语句和一个 continue 语句的作用。

**【例 4.11】**　从键盘输入一个字符串,把字符串中的数字字符分离出来并组成一个整数,再乘以数字字符的个数后输出,如果输入：a23TY78hy,则输出数值 9512(2378 乘以 4)。

**问题分析**：该程序的关键点是从字符串中截取出各位数字字符并组合成一个整数,需要用到切片、类型转换等操作。

```
#P0411.py
str1=input("请输入字符串=")
cnt=0
str2=""
for ch in str1:
    if "0"<=ch<="9":
        str2+=ch
        cnt+=1
num=int(str2) * cnt
print(num)
```

## 4.5.4　字符串的格式设置

程序的作用就是处理数据,处理结果要输出,输出要有一定的格式才能更好地满足实际需要。Python 有两种控制数据输出格式的方法：一种是类似于 C 语言的％格式设置方法,另一种是 format()格式设置方法。相对来说,format()方法更为方便、灵活,不仅可以使用位置进行格式设置,还可以用关键参数进行格式设置,还支持对列表、字典等序列数据的格式控制,本书只介绍 format()方法。

使用 format()方法的语法格式如下：

**模板字符串.format(参数表)**

模板字符串由字符和一系列槽组成,槽用来控制字符串中嵌入值出现的位置和格式,槽用一对大括号({})来表示,输出时,参数表中的各个参数的值依次替换模板字符串中的槽,并按槽设定的格式输出。

示例：

```
>>>x,y=16,39
>>>print("{}乘以{}的乘积为：{}".format(x,y,x * y))
```

上述两条语句执行后的输出结果如下：

16乘以39的乘积为：624

**说明：**"{}乘以{}的乘积为：{}"模板字符串，其中有 3 个槽，输出数据时，format(x,y,x * y)中的 3 个参数 x、y、x * y 的值分别出现在 3 个槽的位置。

为了以更精准、严格的格式输出数据，模板字符串的槽中还可以写入格式控制信息，语法格式如下：

{:格式控制标记}

格式控制标记的内容与含义如表 4.6 所示。

表 4.6　格式控制标记的内容与含义

| 格式标记 | 含　义 |
| --- | --- |
| 填充 | 用于满足输出宽度要求需要填充的单个字符 |
| 对齐 | <：控制左对齐，>：控制右对齐，^：控制居中对齐 |
| 宽度 | 设定槽对应的参数值的输出宽度 |
| , | 数值的千位分隔符，便于阅读 |
| .精度 | 浮点数小数部分的保留位数/字符串的最大输出长度 |
| 类型 | 对于整数可选用符号 c 和 d，对于浮点数可选用符号 e、E、f、%。其中：<br>c：输出整数对应的 Unicode 字符<br>d：输出整数的十进制形式<br>e：输出浮点数对应的小写字母 e 的指数形式<br>E：输出浮点数对应的大写字母 E 的指数形式<br>f：输出浮点数的标准浮点形式<br>%：输出浮点数的百分比形式 |

格式控制标记包括"填充""对齐""宽度"","".精度"和"类型"6 个字段，可以组合使用，每个字段都是可选项，可用可不用，不用时则按默认方式设置。

示例：

```
>>>x=92618392056
>>>print("{:,}".format(x))              #使用千分位分隔符
92,618,392,056
>>>print("{:}".format(x))               #使用默认格式
92618392056
>>>pi=3.1415926
>>>print("{:3f}".format(pi))            #标准浮点方式,宽度为 3
3.141593                                #实际宽度多于设定宽度时,按实际宽度输出
>>>print("{:.10f}".format(pi))          #标准浮点方式,宽度为 10
3.1415926000                            #实际宽度小于设定宽度时,补齐宽度
>>>print("{:.3f}".format(pi))           #标准浮点方式,小数点后面保留 3 位
3.142
>>>print("{:.3e}".format(pi))           #小写 e 的指数方式,小数点后面保留 3 位
```

```
3.142e+00
>>>print("{:.3e}".format(pi * 10))              #小写 e 的指数方式,小数点后面保留 3 位
3.142e+01
>>>x,y,z=3.14,1.7182,1.0
>>>print("{:<8}{:<8}{:<8}".format(x,y,z))  #宽度为 8,左对齐
3.14    1.7182  1.0
>>>print("{:>8}{:>8}{:>8}".format(x,y,z))  #宽度为 8,右对齐
    3.14  1.7182      1.0
>>>print("{:^8}{:^8}{:^8}".format(x,y,z))  #宽度为 8,居中对齐
  3.14    1.7182    1.0
```

## 4.5.5　特殊字符与转义字符

输出数据时,除了上述格式控制方式外,还可以使用一些特殊的字符来控制输出格式,使用这些特殊的字符时前面需要加写反斜杠符号(\),这种加反斜杠的方式称为转义字符(转换为新的含义),如\n 代表换行、\r 代表回车等,常用的转义字符如表 4.7 所示。

表 4.7　常用的转义字符

| 转义字符 | 含　　义 | 转义字符 | 含　　义 |
|---|---|---|---|
| \a | 响铃 | \f | 换页(移到下一页开始位置) |
| \b | 退格 | \t | 回车(移到本行开始位置) |
| \t | 水平制表符(移到下一个 Tab 位置) | \" | 双引号字符 |
| \n | 换行(移到下一行的开始位置) | \' | 单引号字符 |
| \v | 竖向跳格符(移到下一行相同位置) | \\ | 反斜杠字符 |

示例:

```
>>>print("Python\n 程序设计")              #\n 为换行符
Python
程序设计
>>>print("Python\t 程序设计")              #\t 为制表符
Python        程序设计
```

【例 4.12】　显示输出列表信息。

问题分析:使用转义字符会使数据的显示格式清晰、整齐。

```
#P0412.py
stu_list=[ ["18001","刘亮","男",18,"数学与应用数学"] ,
          ["18002","张小明","女",19,"物理学" ],
          ["18006","小芳","女",18,"应用心理学"] ]
print("学号  姓名  性别  年龄  专业")
for item in stu_list:
    for k in range(5):
        print(item[k],end=" ")
```

```
    print()
```

由于没有格式控制,输出内容如下,看起来有点乱。

```
学号  姓名  性别  年龄  专业
18001 刘亮 男 18 数学与应用数学
18002 张小明 女 19 物理学
18006 小芳 女 18 应用心理学
```

把输出语句加上格式控制,改写如下:

```
print("学号\t 姓名\t 性别\t 年龄\t 专业")
for item in stu_list:
    for k in range(5):
        print(item[k],end="\t")
    print()
```

此时的输出内容如下,格式清晰整齐。

| 学号 | 姓名 | 性别 | 年龄 | 专业 |
| --- | --- | --- | --- | --- |
| 18001 | 刘亮 | 男 | 18 | 数学与应用数学 |
| 18002 | 张小明 | 女 | 19 | 物理学 |
| 18006 | 小芳 | 女 | 18 | 应用心理学 |

【例 4.13】 随机产生由 n 个字符组成的字符串,统计字符串中每个英文字母出现的次数并输出。观察 n 的值为 100、1000、10000、100000 时各个字符出现的概率。

问题分析:随着随机产生字符个数的增加,各字符出现的概率越来越接近。

```
#P0413.py
import random                    #引入 random 库
str1=""                         #定义一个空字符串
n=int(input("n="))              #设定随机产生的字符个数
for i in range(n):
    m=random.randint(0,25)      #生成一个 [0,25] 范围内的随机数
    str1+=chr(ord('a')+m)       #得到一个英文字母并拼接到 str1 中
counts={}                       #定义一个空字典
for ch in str1:
    if ch in counts:            #如果字典中已有 ch 中字母
        counts[ch]+=1           #则其计数值加 1
    else:
        counts[ch]=1            #否则,在字典中增加一个元素,且计数初值为 1
items=list(counts.items())      #把字典转换为列表
items.sort(key=lambda x:x[0])   #对列表元素按元素的第一个值升序排序
for i in range(26):             #输出字母及对应的计数值
    ch,count=items[i]
    print("{:<5}{:>10}".format(ch,count))
```

【例 4.14】 编写程序,从键盘输入某人的身份证号,首先判断是否为一个合法的身份证号,如果是合法的身份证号,输出该人的出生日期及性别;如果不是合法的身份证号,提示用

户重新输入,若输入 3 次仍为非法的身份证号,则结束输入,并输出信息"输入的身份证号无法识别!"。

问题分析:为简化问题的解决,只要输入的身份证号为 18 位就认为合法,不足 18 位或超过 18 位就认为是非法。

```
#P0414.py
for i in range(3):
    num=input("请输入身份证号=")
    if len(num)!=18:
        continue
    else:
        year=num[6:10]                   #截取出生年份
        month=num[10:12]                 #截取出生月份
        day=num[12:14]                   #截取出生日
        sex=num[16]                      #截取性别对应的数
    if int(sex) in (1,3,5,7,9):
        sex="男"
    else:
        sex="女"
    print("出生日期:"+year+"年"+month+"月"+day+"日")
    print("性别:"+sex)
    break
else:
    print("身份证号无法识别!")
```

习　题　4

1. 举例说明列表与元组的异同。

2. 举例说明列表、元组、字典和集合的各自应用场景。

3. 编写程序,使用元组实现两个矩阵的乘法运算,两个作为乘数的矩阵用元组表示,乘积值最后也用元组表示,计算过程中可以使用列表等。

4. 编写程序,计算某门课程的平均成绩并输出,统计高于和等于平均成绩的人数并输出,成绩从键盘输入并存入列表。

5. 编写程序,计算一个矩阵的对角线元素之和、斜对角线元素之和并输出,矩阵元素值存放在元组中。

6. 编写程序,找出一个矩阵中的鞍点(鞍点是指在其所在行最大,且在其所在列最小的元素),若存在鞍点,则输出其所在的行、列及鞍点的值;若不存在鞍点,则输出相应的提示信息。

7. 编写程序,找出矩阵中的最大值和最小值并输出,包括输出最大值和最小值所在的行、列值。考虑同时存在多个最大值和最小值的情形。

8. 一个班有若干名学生,每名学生已修读了若干门课程并有考试成绩,把学生姓名(假设没有重名学生)和修读的课程名及考试成绩等信息保存起来,编写程序实现如下功能(可针对每一项编写一个程序）：

（1）根据输入的姓名，输出该学生修读的所有课程的课程名及成绩。

（2）根据输入的课程名，输出修读了该课程的学生姓名及该门课程的成绩。

（3）输出所有有不及格成绩的学生姓名及不及格的门数。

（4）输出所有学生已修读课程的课程名，重复的只输出一次。

（5）按平均成绩的高低输出学生姓名及平均成绩。

9. 从键盘输入一个字符串，编写程序，找出其中的整数和浮点数并输出。例如，如果输入"小张的年龄是 26，体重是 72.5kg，身高是 1.82m"，则输出 26，72.5，1.82。

10. 编写程序实现简单的文本加密功能：程序运行时接收用户输入的原文（只能为大小写英文字母和阿拉伯数字），并转换为密文输出。以下是原文和密文的对应关系。

原文：abc…xyzABC…XYZ012…789

密文：cde…zabCDE…ZAB123…890

即字母 a～x、A～X 对应的密文字符为该字符按英文字母顺序的下数第 2 个，数字 0 到 8 对应的密文字符为按阿拉伯数字顺序的下一个。例如，原文为 a，密文为 c；原文为 C，密文为 E；原文为 5，密文为 6；字母 y、z、Y、Z 和数字 9 对应的密文分别为 a、b、A、B 和 0。

11. 继续完善例 4.14 程序，增加如下功能：

（1）细化身份证号合法性判断，18 位符号的取值是否正确：除最后一位可以为小写字母 x 或数字外，其他 17 为必须都为数字；出生日期是否符合历法约束，即要考虑每年的 1、3、5、7、8、10、12 月有 31 天，4、6、9、11 月有 30 天，闰年的 2 月有 29 天，非闰年的 2 月有 28 天等；最后一位的校验码是否正确，校验码是根据前面各位的取值计算出来的。

（2）输出该人所在的省、直辖市、自治区信息。

# 第5章　函　数

按照结构化程序设计思想,对于一个规模比较大的程序,先按功能划分成若干个模块,每一个模块可以再划分成更小的模块,直至每一个小模块完成一个比较单一的功能,然后分别编写对应于每一个小模块的程序,最后再把这若干个模块组织成一个完整程序。这样一种程序设计模式,可使编写出的程序结构清晰,易于阅读和理解,易于修改和维护,也便于多人合作编写程序,从而保证程序的质量和开发效率。

## 5.1　函数定义

在 Python 中,一个小模块的功能由一个函数来实现,一个 Python 程序可由若干个函数组成,函数之间通过调用关系形成一个完整的程序。在 Python 中,函数要先定义,后调用。

定义函数的语法格式如下:

**def** 函数名(形式参数表)：
　　函数体
　　**return** 返回值

示例:求 3 个数的平均值的函数定义如下:

```
def average(num1,num2,num3):
    ave=(num1+num2+num3)/3
    return ave
```

结合上述示例,对函数定义简要说明如下:

① def 是关键字,用于定义函数。

② 函数名用于标识函数,函数定义后,一般要通过函数调用的方式来使用这个函数,函数调用时要用到函数的名字。函数名要符合标识符的命名规则,当函数名由多个单词组成时,本书采用非首单词首字母大写的形式,如 scoreAverage()。

③ 形式参数表用于给函数运算提供所需的数据,如果有多个形式参数,形式参数之间用逗号分开,参数名也要符合标识符的命名规则。函数也可以没有形式参数,此时形式参数表为空,但一对圆括号不能省略。上面示例函数的功能是计算 3 个数的平均值,形式参数num1、num2、num3 用于提供参与计算的 3 个数。

④ 函数定义的第一行以冒号(:)结束。

⑤ 函数体由实现函数功能的一条或若干条语句组成。

⑥ return 语句用于把函数的结果带回调用该函数的调用函数(调用程序),如果函数没有返回值,可以不写 return 语句。例如,如下函数:

```
def display(n):
    for i in range(n):
        print("*************")
```

的功能是输出若干行的星号串,只是完成特定的动作,没有值需要带回到调用程序,所以没有 return 语句。

## 5.2 函数调用

如果只有函数定义,并不能发挥实际的作用,只有被其他函数(或程序)调用才能被执行,才能实现其定义的功能。调用其他函数的函数或程序称为调用函数或调用程序,被其他函数调用的函数称为被调用函数。函数调用语法格式如下:

**函数名 (实际参数表)**

对于前面定义的函数 average( ),先通过键盘为 x、y、z 输入值:

```
x=int(input("x="))
y=int(input("y="))
z=int(input("z="))
```

然后,函数调用形式如下:

```
print(average(x,y,z))
```

函数调用时的实际参数表应与函数定义时的形式参数表在数量上要一致,把每个实际参数(简称实参)的值传递给对应的形式参数(简称形参),每个实参是一个表达式,但函数的各个形参必须是变量,接收来自实参的值。实参表达式可以是简单表达式,如一个常量或一个变量等;也可以是比较复杂的表达式,如由常量和变量组成的表达式。

函数调用可以以一个语句的形式出现,这时函数的执行结果不是得到一个返回值,而是实现特定的功能,如交换两个变量的取值、对一组数据排序等。函数调用也可以出现在表达式中,作为运算对象出现,这时的函数必须有返回值。

调用一个函数时,首先计算实参表中各表达式的值,然后函数调用所在的程序暂停执行,转去执行被调用函数,被调用函数中各形参的初值就是调用函数中各对应实参的值,被调用函数执行完函数体语句后,返回调用函数继续执行函数调用所在语句后面的语句。

【例 5.1】 定义函数求 3 个数的平均值。

```
#P0501.py
def average(num1,num2,num3):              #定义函数计算 3 个数的平均值
    ave=(num1+num2+num3)/3
    return ave
print("请输入 3 个成绩: ")
score1=int(input("score1="))
score2=int(input("score2="))
score3=int(input("score3="))
```

```
ave_score=average(score1,score2,score3)     #调用函数计算平均成绩
print("平均成绩=",ave_score)
```

上述程序包括两大部分：函数定义和函数调用。程序的执行过程如下：

① 先执行调用程序中的如下语句：

```
print("请输入 3 个成绩:")
score1=int(input("score1="))
score2=int(input("score2="))
score3=int(input("score3="))
```

② 执行函数调用所在的语句：

```
ave_score=average(score1,score2,score3)
```

③ 暂停调用函数的执行,转去执行 average() 函数中的语句：

```
ave=(num1+num2+num3)/3
return ave
```

其中,3 个形参 num1、num2、num3 的初值分别来自于调用函数中实参 score1、score2、score3 的值。

④ 当执行完 return ave 语句后,返回调用函数中,继续执行如下语句：

```
ave_score=average(score1,score2,score3)
print("平均成绩=",ave_score)
```

其中,average(score1,score2,score3)函数调用的值就是被调用函数中通过 return 语句返回的 ave 的值。

【例 5.2】 定义函数求 3 个数的中间数。

```
#P0502.py
def medium(num1,num2,num3):                    #定义函数
    if num1<num2:
        num1,num2=num2,num1                     #两者之中的大数存入 num1
    if num1<num3:
        num1,num3=num3,num1                     #两者之中的大数存入 num1
    if num2<num3:
        num2,num3=num3,num2                     #两者之中的大数存入 num2
    return num2
print("请输入 3 个数: ")
a=eval(input("a="))
b=eval(input("b="))
c=eval(input("c="))
med=medium(a,b,c)                              #通过调用函数求 3 个数中的中间数
print("3 个数的中间数={}".format(med))
```

# 5.3 函数的参数传递

调用函数与被调用函数之间的联系是通过参数传递来实现的。定义函数时,系统并不给函数的形参分配存储单元,函数被调用执行时,系统才为各形参分配存储空间,并把对应

的实参的值传递给形参。实参值传递给形参有两种方式：一是不改变实参值的传递方式，二是改变实参值的传递方式。

## 5.3.1 不改变实参值的参数传递

由于 Python 中的变量并不是直接存储某个值，而是存储了值所在内存单元的地址，这也是在同一个程序中变量类型可以改变的原因，详细介绍见 2.5 节。在调用函数时，实参值传递给形参，实际上将实参所指向对象的地址传递给了形参（为便于理解，我们仍简单地称之为把实参值传递给了形参）。如果实参对象是不可变对象（数值、字符串、元组等），则有新值就分配新的存储空间，所以执行被调用函数时形参值的改变不会影响到实参。

【例 5.3】 不改变实参值的参数传递方式。

```
#P0503.py
def increa(x,y):
    print("x={},y={}".format(x,y))
    x=int(x*1.1)
    y=int(y*1.2)
    print("x={},y={}".format(x,y))
a=20
b=50
print("a={},b={}".format(a,b))
increa(a,b)
print("a={},b={}".format(a,b))
```

程序执行时的参数传递过程如下（程序从语句 a＝20 开始执行）。

执行程序时，首先为 a 和 b 两个变量赋初值：

a＝20            b＝50

调用执行 increa() 函数后，把 a 和 b 的值分别传递给 x、y：

x＝20            y＝50

被调用函数执行完，返回主函数之前，各变量的值如下：

x＝22            y＝60
a＝20            b＝50

返回到主程序后，各变量的值如下（被调用函数中的各变量被回收）：

a＝20            b＝50

所以，程序执行结果如下：

```
a=20,b=50          #进入函数前变量 a 和 b 的值
x=20,y=50          #刚进入函数时变量 x 和 y 的值
x=22,y=60          #退出函数前变量 x 和 y 的值
a=20,b=50          #退出函数后变量 a 和 b 的值
```

说明：由于数值是不可变对象，函数中的 x＝int(x＊1.1)语句产生了新值 22，所以 x 指向新的对象 22，同样 y 指向新的对象 60，就有了上述程序执行结果。

## 5.3.2　改变实参值的参数传递

如果实参对象是可变对象(如列表、字典、集合等)，操作可在原数据上进行，所以在被调用函数执行后，形参值的改变会影响到对应的实参值。

【例 5.4】　改变实参值的参数传递方式。

```
#P0504.py
def fun(list2,n):
    print("list2=",list2)
    for i in range(n):
        list2[i]=int(list2[i] * 1.2)
    print("list2=",list2)
list1=[10,20,30,40,50]
print("list1=",list1)
fun(list1,5)
print("list1=",list1)
```

程序执行结果如下：

```
list1=[10, 20, 30, 40, 50]
list2=[10, 20, 30, 40, 50]
list2=[12, 24, 36, 48, 60]
list1=[12, 24, 36, 48, 60]
```

说明：由于列表是可变对象，所以函数中对 list2(实际上也是 list1)的操作可在原值上进行。

## 5.3.3　位置参数

默认情况下，调用函数时实参的个数、位置要与定义函数时形参的个数、位置一致，即实参是按出现的位置与形参对应的，与参数的名称无关，此时的参数称为位置参数。

【例 5.5】　基于位置的参数传递方式。

```
#P0505.py
def disp(x,y):
    print("x={},y={}".format(x,y))
a=x=20
b=y=30
disp(a,b)          #实参 a、b 的值分别传递给形参 x、y
disp(x,y)          #实参 x、y 的值分别传递给形参 x、y
disp(y,x)          #实参 y、x 的值分别传递给形参 x、y
disp(x,x)          #实参 x、x 的值分别传递给形参 x、y
```

程序执行结果如下：

```
x=20,y=30
x=20,y=30
x=30,y=20
x=20,y=20
```

从程序执行结果可以看出,实参到形参的对应只是依据参数的位置而定,第一个实参对应第一个形参,第二个实参对应第二个形参,与参数的名字无关。在示例中,不管实参用的是与形参不同名的 a、b 还是与形参同名的 x、y 或交叉对应的 y、x,以及两个实参均为 x,都是把第一个实参的值传递给第一个形参,把第二个实参的值传递给第二个形参。

### 5.3.4　关键字参数

在调用函数时,也可以明确指定把某个实参值传递给某个形参,此时的参数称为关键字参数,关键字参数不再按位置进行对应。

**【例 5.6】**　基于关键字的参数传递方式。

```
#P0506.py
def totalScore(math,language,computer):
    total=math+language+computer
    average=total//3
    return total,average
print("请输入 3 门课的成绩: ")
math1=int(input("数学="))
language1=int(input("语文="))
computer1=int(input("计算机="))
total,average=totalScore(math=math1,computer=computer1,language=language1)
print("总成绩={},平均成绩={}".format(total,average))
```

关键字参数的优点是:不需要记住形参的顺序,只需指定哪个实参传递给哪个形参即可,而且指定顺序也可以和定义函数时的形参顺序不一致,这对于形参个数较多的情形是方便的(形参较多时,不容易准确记住形参的顺序),而且能够更好地保证参数传递正确。

### 5.3.5　默认值参数

一般来说,函数中形参的值是通过实参来传递的。如果需要,也可以在定义函数时直接对形参赋值,此时的参数称为带默认值的参数。在 Python 中,对于带默认值的形参,在函数调用时,如果没有对应的实参,就使用该默认值,如果有对应的实参,则仍用实参值(覆盖掉默认形参值)。

**【例 5.7】**　有默认值的参数传递方式。

```
#P0507.py
def area(r=1.0,pi=3.14):
    return r*r*pi
print("面积={:.2f}".format(area()))                #两个参数都用默认值
print("面积={:.2f}".format(area(2.6)))             #一个参数用默认值
print("面积={:.2f}".format(area(2.6,3.1415926)))   #两个参数都不用默认值
```

程序的执行结果如下：

面积＝3.14
面积＝21.23
面积＝21.24

第一次调用函数 area()时，由于没有实参，所以程序执行进入函数 area()后，两个形参都取默认值(分别为 1.0 和 3.14)；第二次调用时，有一个实参，所以进入函数 area()后，形参 r 取实参值(2.6)，形参 pi 取默认值(3.14)；第三次调用时，由于有两个实参的值，所以进入函数 area()后，两个形参都取实参传过来的值(分别为 2.6 和 3.1415926)。

说明：

① 形参的默认值在定义函数时设定。

② 由于函数调用时实参和形参是按照从左至右的顺序进行对应的，所以设定默认值的形参必须出现在形参表的右端，即在有默认值的形参右面不能有无默认值的形参出现。

如下的默认值设定是正确的。调用函数时，如果只提供一个实参，如 fun1(2)，将会把实参值 2 传递给 x，y 和 z 取默认值：

```
fun1(x,y=5,z=10)
```

如下的默认值设定是错误的。调用函数时，如果只提供一个实参，如 fun2(6)，将会把实参值 6 传递给 x(覆盖掉 x 的默认值)，而 y 得不到相应的取值，会引起错误：

```
fun2(x=5,y,z=10)
```

## 5.3.6　可变长度参数

在 Python 中，除了可以定义固定长度参数(参数个数固定)的函数外，还可以定义可变长度参数的函数，调用此类函数时，可以提供不同个数的参数以满足实际需要，进一步增强了函数的通用性。在定义函数时，可变长度参数主要有两种形式：单星号参数和双星号参数，单星号参数是在形参名前加一个星号(＊)，把接收来的多个实参组合在一个元组内，以形参名为元组名；双星号参数是在形参名前加两个星号(＊＊)，把接收来的多个实参组合在一个字典内，以形参名为字典名。

【例 5.8】　单星号可变长度参数。

```
#P0508.py
def sumScore(*score):              #单星号形参用于把接收到的实参组合为元组
    summ=0
    for i in score:
        summ+=i
    ave=summ//len(score)
    return summ,ave
sum1,ave1=sumScore(78,62,81)       #第一次调用，接收 3 个实参
print("总成绩={},平均成绩={}".format(sum1,ave1))
sum2,ave2=sumScore(95,61,72,87)    #第二次调用，接收 4 个实参
print("总成绩={},平均成绩={}".format(sum2,ave2))
```

程序运行结果如下：

总成绩＝221,平均成绩＝73
总成绩＝315,平均成绩＝78

结合示例说明如下：

① 参数 score 前面有一个星号（＊），Python 解释器会把形参 score 看作可变长度参数，可以接收多个实参，并把接收的多个实参组合为一个名字为 score 的元组。

② 第一次调用 sumScore() 函数时，将 3 个数值传递给可变长度形参 score，并组合为包含 3 个元素、名字为 score 的元组。

③ 第二次调用 sumScore() 函数时，将 4 个数值传递给可变长度形参 score，并组合为包含 4 个元素、名字为 score 的元组。

【例 5.9】 双星号可变长度参数。

```
#P0509.py
def student(**stu):                  #双星号形参用于把接收到的实参值组合为字典
    cnt=0
    for item in stu.values():
        if item=="河北省":
            cnt+=1
    return cnt
count=student(小明="河北省",小亮="北京市",小莲="河北省")
print("有{}个学生来自河北省".format(count))
```

结合示例说明如下：

① 参数 stu 前面有两个星号(**)，Python 解释器会把形参 stu 看作可变长度参数，可以接收多个实参，并把接收的多个实参组合为一个名字为 stu 的字典。

② 调用 student() 函数时，将 3 个实参值传递给可变长度形参 stu，并组合为包含 3 个元素、名字为 stu 的字典。

③ 每个实参值应以"键＝值"的形式提供，"键"不需要加引号，"值"若是字符串则需要加引号，如示例中的"小明＝"河北省""。

### 5.3.7  序列解包

在前面的介绍中，实参为简单类型值（整数、实数、字符串等），形参为简单变量（整型变量、实型变量、字符串变量等）和组合类型变量（元组变量、字典变量等）。除此之外，Python 还支持实参为组合类型值的情形，如可以是元组、列表、字典、集合等。

【例 5.10】 计算几天的平均温度。

```
#P0510_1.py
def aveTemp(*temp):
    sum_temp=0
    for i in temp:
        sum_temp+=i
    ave_temp=sum_temp//len(temp)
```

```
    return ave_temp
temp1=[34,32,27,28,32]
ave1=aveTemp(temp1)
print("平均温度=",ave1)
```

执行该程序,会报告如下错误提示信息:

```
==========RESTART: C:/Users/Administrator/Desktop/P0510.py==========
Traceback (most recent call last):
  File "C:/Users/Administrator/Desktop/P0510.py", line 9, in<module>
    ave1=aveTemp(temp1)
  File "C:/Users/Administrator/Desktop/P0510.py", line 5, in aveTemp
    sum_temp+=i
TypeError: unsupported operand type(s) for+=: 'int' and 'list'
```

错误在于程序中进行了 Python 不支持的"整数与列表相加"操作,其原因在于,由于实参 temp 是一个列表,形参 temp 的元素为列表,所以程序中的语句

```
for i in temp:
    sum_temp+=i
```

是要实现一个整数(sum_temp)和一个列表(i)的加法,因此导致了错误。

函数调用部分可以改写如下:

```
temp=[34,32,27,28,32]
ave1=aveTemp(temp[0],temp[1],temp[2],temp[3],temp[4])
print("平均温度=",ave1)
```

再执行此程序会得到正确的结果。

但上述方式需要编程人员写出组合类型的元素,当元素比较多时就不大好处理,Python 提供了一种简单的书写方式:在组合类型实参的前面加一个星号(＊),将组合类型实参值自动解包为元素传递给形参。函数调用部分进一步改写如下:

```
temp1=[34,32,27,28,32]
ave1=aveTemp(*temp1)
print("平均温度=",ave1)
```

此时执行也能得到正确结果。

如下形式也能得到正确结果,形参和实参都是列表类型(比加星号还简单):

```
#P0510_2.py
def aveTemp(temp):
    sum_temp=0
    for i in temp:
        sum_temp+=i
    ave_temp=sum_temp//len(temp)
    return ave_temp
temp1=[34,32,27,28,32]
ave1=aveTemp(temp1)
```

```
print("平均温度=",ave1)
```

在定义函数与调用函数时,实参与形参可以如下对应关系出现:

① 实参与形参都是对应的简单类型,如整型、浮点型、字符串等。

② 实参和形参都是对应的组合类型,如列表、元组、字典、集合等。

③ 实参是简单类型,形参是组合类型,此时需在形参名前加单星号(＊)或双星号(＊＊),前者把接收到的实参值组合为元组,后者把接收到的实参值组合为字典。

④ 实参是组合类型,形参是简单类型,可以通过序列解包的形式把实参值传递给形参,此时需要在实参名前加写一个星号(＊),计算平均温度的程序也可改写如下:

```
#P0510_3.py
def aveTemp(t1,t2,t3,t4,t5):
    sum_temp=t1+t2+t3+t4+t5
    ave_temp=sum_temp//5
    return ave_temp
temp1=[34,32,27,28,32]
ave1=aveTemp(* temp1)
print("平均温度=",ave1)
```

# 5.4　函数的嵌套与递归

在 Python 中,函数 f1 可以调用函数 f2,函数 f2 还可以再调用函数 f3,如此下去,便可形成函数的多级调用。函数的多级调用有两种形式:一是嵌套调用,二是递归调用。

## 5.4.1　函数嵌套

在函数的多级调用中,如果函数 f1、f2、…、fn 各不相同,则称为嵌套调用。

**【例 5.11】**　求 100～200 中能够被 3 整除的数之和,用函数的嵌套机制实现。

问题分析:设计两个函数,一个是 total(),用于求若干个数之和;另一个是 fun(),用于判定一个数是否能够被 3 整除。主程序调用函数 total(),函数 total()再调用函数 fun()。

```
#P0511.py
def fun(num):
    if (num%3==0):
        b=True                    #如果能够被 3 整除,设标记值为 True
    else:
        b=False                   #否则设标记值为 False
    return b                      #返回标记值
def total(m,n):
    total=0
    for i in range(m,n+1):        #取值范围为 m～n
        if (fun(i)):              #调用函数 fun()来判断 i 是否能被 3 整除
            total+=i
    return total
```

```
print(total(100,200))          #调用函数 total()计算累加和
```

程序执行结果如下：

```
4950
```

## 5.4.2　函数递归

所谓递归,就是将一个较大的问题归约为一个或多个子问题的求解方法。这些子问题比原问题简单,且在结构上与原问题相同。递归在 Python 中的含义是:在函数的多级调用中,如果函数 f1、f2、…、fn 中有相同的,即存在某个函数直接或间接地调用自己,则称为递归调用。递归调用可以看作嵌套调用的特例。

递归过程包括递推和回归两部分。

例如,对于求 5 的阶乘就可以用递归方法,过程如下:

递推过程:5!→5×4!→4×3!→3×2!→2×1!→1!=1。

回归过程:1!=1→2!=2×1=2→3!=3×2=6→4!=4×6=24→5!=5×24=120。

一个问题能够用递归方法解决的关键在于递推有结束点,如阶乘问题的 1!=1,如果递推没有结束点就无法回归,问题将得不到有效的解决,表现在程序中就是程序的执行永远也不能结束,这可以称为无效递归。

**【例 5.12】**　用递归方法求 n!。

```
#P0512.py
def fact(n):
    if (n==0 or n==1):
        fac=1
    else:
        fac=n * fact(n-1)          #递归调用
    return fac
m=int(input("请输入求阶乘的数 m="))
print("m!=",fact(m))
```

**【例 5.13】**　用递归方法求解汉诺塔问题。

传说在古代印度的贝拿勒斯神庙里安放了一个黄铜座,座上竖有 3 根宝石柱子。在第一根宝石柱上,按照从小到大、自上而下的顺序放有 64 个直径大小不一的金盘子,形成一座金塔,如图 5.1 所示,即所谓的汉诺塔(Hanoi),又称梵天塔。天神让庙里的僧侣们将第一根柱子上的 64 个盘子借助第二根柱子全部移到第三根柱子上,即将整个金塔搬迁,同时定下如下 3 条规则:

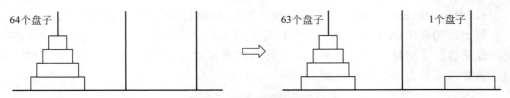

图 5.1　汉诺塔问题示意图

① 每次只能移动一个盘子;

② 盘子只能在 3 根柱子上来回移动,不能放在他处;

③ 在移动过程中,3 根柱子上的盘子必须始终保持大盘在下、小盘在上。

这就是著名的汉诺塔问题。

汉诺塔问题的实质就是如何把 64 个盘子按规则由第一根柱子移到第 3 根柱子上。为便于叙述,把 64 个盘子的汉诺塔问题一般化为 n 个盘子的移动问题,并把 3 根柱子分别标记为 a、b、c。根据递归方法,可以将求解 n 个盘子的移动问题转化为求解 n−1 个盘子的移动问题,如果 n−1 个盘子的移动问题能够解决,则可以先将 n−1 个盘子移动到第二个柱子上,再将最后一个盘子直接移动到第三个柱子上,最后又一次将 n−1 个盘子从第二个柱子移动到第三个柱子上,则可以解决 n 个盘子的移动问题。以此类推,n−1 个盘子的移动问题可以转化为 n−2 个盘子的移动问题,n−2 个盘子的移动问题又可以转化为 n−3 个盘子的移动问题……直到 1 个盘子的移动问题(这时是可以直接求解的)。再由移动 1 个盘子的解求出移动 2 个盘子的解……直到求出移动 n 个盘子的解。

```
#P0513.py
def hanoi(n,a,b,c):
    if (n==1):
        print("{}-->{}".format(a,c))      #将 a柱子上面的盘子移到 c柱子上
    else:
        hanoi(n-1,a,c,b)                   #借助 c柱子将 n-1个盘子由 a柱子移到 b柱子上
        print("{}-->{}".format(a,c))       #将一个盘子由 a柱子移到 c柱子上
        hanoi(n-1,b,a,c)                   #借助 a柱子将 n-1个盘子由 b柱子移到 c柱子上
m=int(input("请输入盘子个数 m="))
print("盘子的移动顺序为: ")
hanoi(m,'a','b','c')
```

这个程序的输出结果是移动盘子的顺序,然后人可以根据计算机计算出的顺序移动,最终完成把 n 个盘子按规则由 a 柱子移动到 c 柱子上。

程序虽然书写起来简单,但由于用到递归及形式参数,理解起来并不是很容易,需要认真思考和仔细体会。

n=1 时的移动步骤是:a→c

n=2 时的移动步骤是:a→b  a→c  b→c

n=3 时的移动步骤是:a→c  a→b  c→b  a→c  b→a  b→c  a→c

n=4 时的移动步骤是:a→b  a→c  b→c  a→b  c→a  c→b  a→b

a→c  b→c  b→a  a→c  b→c  a→b  a→c

b→c

那么,对于一般的 n 需要移动多少步呢? 即算法的时间复杂度是多少呢?

按照上面的算法,n 个盘子的移动问题需要移动的盘子数是 n−1 个盘子移动问题需要移动的盘子数的 2 倍加 1。n−1 个盘子的移动问题需要移动的盘子数是 n−2 个盘子的移动问题需要移动的盘子数的 2 倍加 1,……,于是有:

$$h(n) = 2h(n-1) + 1$$
$$= 2(2h(n-2)+1) + 1$$

$$= 2^2 h(n-2) + 2 + 1$$
$$= 2^3 h(n-3) + 2^2 + 2 + 1$$
$$= \vdots$$
$$= 2^n h(0) + 2^{n-1} + \cdots + 2^2 + 2 + 1$$
$$= 2^{n-1} + \cdots + 2^2 + 2 + 1$$
$$= 2^n - 1$$

算法 hanoi 的时间复杂度为 $O(2^n)$。因此,要完成汉诺塔的搬迁,需要移动盘子的次数为:

$$2^{64} - 1 = 18446744073709551615$$

如果每秒移动一次,一年有 31536000 秒,则僧侣们一刻不停地来回搬动,也需要花费大约 5849 亿年的时间。

## 5.5　标准库与第三方库

除了可以自定义函数外,Python 还提供了内置函数,Python 标准库和第三方库中也有大量的函数可用,有丰富的第三方库可用是 Python 语言的一大优势,大大简化和方便了 Python 程序的编写,这也是 Python 语言得到了广泛应用的主要因素。库(library)也称为模块(module)。

### 5.5.1　内置函数

内置函数是指 Python 解释器自带的函数,内置函数在 Python 编辑环境下可以直接使用。前面已经用过的 int()、float()、eval()等都是 Python 内置函数。

利用 dir()函数可以查看 Python 的所有内置函数和内置对象:

```
>>>dir(__builtins__)
```

使用 help()函数可以查看某个内置函数的用法,例如查看 abs()函数的用法:

```
>>>help(abs)
```

Python 常用的内置函数如表 5.1 所示。

表 5.1　Python 常用的内置函数

| 函　　数 | 简　要　说　明 |
|---|---|
| abs(x) | 返回数值 x 的绝对值 |
| ascii(obj) | 返回 obj 的 ASCII 码值 |
| chr(x) | 返回 x 对应的字符,x 为 Unicode 编码值 |
| dir(obj) | 返回 obj 的成员列表 |
| divmod(x,y) | 返回包含整数商和余数的元组($x//y, x\%y$) |
| eval(s) | 返回字符串 s 中表达式的值 |

| 函　　数 | 简　要　说　明 |
|---|---|
| exit() | 退出当前解释器 |
| float(x) | 把整数或字符串 x 转换为浮点数,字符串只包含数字字符和 1 个小数点 |
| help(obj) | 返回 obj 的帮助信息 |
| id(obj) | 返回 obj 的标识(内存地址) |
| input("提示信息") | 接收键盘输入,得到的值为字符串 |
| int(x) | 把浮点数或字符串转换为整数,字符串只包含数字字符 |
| len(x) | 返回组合类型值(包括字符串)的元素个数 |
| list(x) | 把 x 转换为列表 |
| tuple(x) | 把 x 转换为元组 |
| dict(x) | 把 x 转换为字典 |
| set(x) | 把 x 转换为集合 |
| max(x1,x2,…,xn) | 返回多个元素中的最大值 |
| min(x1,x2,…,xn) | 返回多个元素中的最小值 |
| ord(ch) | 返回字符的 Unicode 编码值 |
| pow(x,y) | 返回 x 的 y 次方 |
| range(i,j,k) | 取值区间的开始为 i,结束为 j(不包括 j),步长为 k。当省略 i 时,则从 0 开始,省略 k 时,步长为 1 |
| reversed(seq) | 返回序列的逆序 |
| round(x,n) | 四舍五入后对 x 保留 n 位小数 |
| sorted(x) | 返回排序后的结果 |
| str(obj) | 把对象转换为字符串 |
| sum(seq) | 返回序列 seq 中的元素之和 |
| type(obj) | 返回对象 obj 的类型 |

示例:

```
>>>ord("A")          #返回大写字母 A 的编码值
65
>>>chr(65)           #返回数值 65 对应的字符
'A'
>>>eval("78")        #把字符串"78"转换为对应的数值
78
>>>pi=3.14
>>>r=3
>>>eval("pi*r*r")    #返回表达式 pi*r*r 的值
28.259999999999998
```

```
>>>eval("7 * 8")              #返回表达式 7 * 8 的值
56
>>>int(78.67)                 #把浮点数 78.67 转换为整数,截掉小数部分
78
>>>round(78.67)               #把浮点数 78.67 转换为整数,四舍五入
79
>>>max(56,67,29)              #求 3 个数中的最大值
67
>>>li=[10,20,30]
>>>sum(li)                    #计算列表 li 各元素的累加和
60
>>>type(li)                   #返回变量 li 的类型
<class 'list'>                #类型为列表(list)
>>>type(r)                    #返回变量 r 的类型
<class 'int'>                 #类型为整型(int)
>>>tup=(1,6,3,8,2,7)
>>>sorted(tup)                #对元组 tup 排序
[1, 2, 3, 6, 7, 8]           #排序后的结果
>>>dic1=dict(小明="新闻学专业",小亮="金融学专业")           #定义字典变量
>>>dic1
{'小明':'新闻学专业', '小亮':'金融学专业'}
```

## 5.5.2　标准库函数

这一类函数存在于 Python 标准库中,常用的标准库有用于数学计算的 math 库、用于随机数生成和随机计算的 random 库、用于日期和时间处理的 datetime 库、用于绘图的 turtle 库等。

标准库中的函数不能直接使用,需要使用 import 关键字引用(引入)后才能使用,引用方式有两种。

标准库引用方式一:

**import 标准库名**

引用标准库后,其中的所有函数都可调用,调用格式如下:

**标准库名.函数名()**

标准库引用方式二:

**from 标准库名 import 函数名**

或

**from 标准库名 import ***

前者是引用指定库中的指定函数,后者是引用指定库中的所有函数,之后可以直接调用已经引用的函数,格式如下:

函数名 **()**

### 1. math 库

math 库是 Python 内置的一个数学函数库，支持整型和浮点型数据的计算，包括 gcd()、fsum()、sqrt()等 44 个函数。

示例：

```
>>>import math              #引用标准库 math
>>>math.gcd(786,642)        #求两个数的最大公约数
6
>>>math.fsum([6.2,5.1,12.9])   #计算列表中各元素的累加和
24.2
>>>math.fsum((82,76,85,91,68))  #计算元组中各元素的累加和
402.0
```

**注意**：计算元组中各元素的累加和时，两对圆括号都不能省略，外层一对圆括号是函数调用格式要求的，实参要书写在一对圆括号内；内层一对圆括号是元组要求的，表示把 5 个数据组织为一个元组。

示例：

```
>>>from math import sqrt       #引用 math 库中的 sqrt()函数
>>>sqrt(16)                   #求一个数的平方根
4.0
>>>from math import gcd        #引用 math 库中的 gcd()函数
>>>gcd(786,642)               #求两个数的最大公约数
6
>>>from math import fsum       #引用 math 库中的 fsum()函数
>>>fsum([6.2,5.1,12.9])       #计算各元素的累加和
24.2
>>>from math import ceil       #引用 math 库中的 ceil()函数
>>>ceil(7.62)                 
8
>>>ceil(7.21)
8
>>>from math import trunk      #引用 math 库中的 trunk()函数
>>>trunc(7.62)                #舍掉小数部分
7
>>>trunc(7.21)                #舍掉小数部分
7
>>>from math import *          #引用 math 库中的所有函数
>>>sqrt(16)                   #求一个数的平方根
4.0
>>>gcd(786,642)               #求两个数的最大公约数
6
>>>fsum([6.2,5.1,12.9])       #计算各元素的累加和
24.2
```

**2. random 库**

random 库的主要作用是生成随机数(严格意义上说应该是伪随机数),包括 random()、randint()、randrange()等 9 个函数。

示例:

```
>>>from random import *              #引入 random 库中的所有函数
>>>random()                          #生成一个[0.0,1.0)的随机小数
0.2164546543957655
>>>random()                          #每次生成的结果可能不一样
0.36524857297693414
>>>uniform(100,200)                  #生成一个[100.0,200.0]的随机小数
151.60818456731016
>>>randint(100,200)                  #生成一个[100,200]的随机整数
106
>>>randint(100,200)                  #生成一个[100,200]的随机整数
159
>>>seed(10)                          #初始化随机数种子
>>>randint(100,200)                  #生成一个[100,200]的随机整数
173
>>>seed(10)                          #用相同的值初始化随机数种子
>>>randint(100,200)                  #生成一个[100,200]的随机整数
173                                  #得到相同的随机数
>>>randrange(100,200,5)
115
```

【例 5.14】 随机生成 n 个大写英文字符(n 值由键盘输入),统计每个字符的出现次数,并观察 n 分别为 50、500、50000 时的字符分布概率。

```
#P0514.py
import random                             #引入 random 库
str1=""                                   #定义一个空字符串
n=int(input("设定要生成的字符个数 n="))
for i in range(n):
    k=random.randint(0,25)                #生成一个[0,25]的随机数
    str1+=chr(ord("A")+k)                 #随机得到 A~Z 的一个字符并拼接到 str1 中
chars_dict={}                             #定义一个空字典
for ch in str1:
    if ch in chars_dict:                  #字典的元素为"字母:计数"的形式
        chars_dict[ch]+=1                 #如果字典中已有 ch 中字母,则其计数值加 1
    else:
        chars_dict[ch]=1                  #否则,在字典中新增一个元素且计数初值为 1
chars_list=list(chars_dict.items())       #把字典转换为列表
chars_list.sort(key=lambda x:x[1])        #对列表元素按元素的第二个值升序排序
num=0
for i in range(len(chars_list)):
```

```
        ch,count=chars_list[i]                   #取出列表中的一个元素
        print("{:<5}{:>10}".format(ch,count))    #输出字典中的每个字符及其计数
        num+=count
print("字符总数={}".format(num))
```

说明：

① 程序中用到了通过列表变量调用的排序方法 sort()，其调用格式如下：

**li.sort(key=None,reverse=False)**

功能：对列表变量 li 按 key 指定的关键字、按 reverse 指定的升降序方式排序，排序后的结果存回列表变量 li。参数 key 一般为一个 lambda 函数（有些情形下可以省略），程序中的 key=lambda x：x[1]，表明是把列表 chars_list 中元素的第二个值（字母的计数值）作为排序关键字。参数 reverse 指定是按升序还是降序排序，若取值为 True，则按降序排序，否则按升序排序，按升序排序时可以省略不写。

② 所谓 lambda 函数又称匿名函数。有些函数如果只是临时用一下，而且其功能也很简单时，就可以定义为 lambda 函数。例如，计算两个数之和的 lambda 函数如下：

```
lambda x,y : x+y
```

当然，也可以给 lambda 函数规定一个名字，形式如下：

```
add=lambda x,y : x+y
```

这样就可以正常调用了，例如：

```
sum=add(78,92)
```

但 lambda 函数更多的时候还是用于前面程序中的对列表排序。

### 3. datetime 库

datetime 库的主要作用是处理日期和时间，与 math 库、random 库有所不同的是，datetime 库需要以类的方式使用，常用的类是 datetime 类，使用时先建立一个 datetime 类的对象，然后通过对象调用方法和属性，实现相应的日期和时间处理。

示例：

```
>>>from datetime import datetime              #引入 datetime 库的 datetime 类
>>>current_time=datetime.now()               #定义值为当前时间的 datetime 类对象
>>>print(current_time)                       #输出当前时间
2018-10-06 18:12:19.637781                   #年-月-日 时:分:秒:微秒
>>>meeting_time=datetime(2018,10,12,8,30,0)  #定义 datetime 类对象
>>>print(meeting_time.year)                  #输出年份值
2018
>>>print(meeting_time.month)                 #输出月份值
10
>>>print(meeting_time.strftime("%y-%m-%d"))  #y 为小写
18-10-12
>>>print(meeting_time.strftime("%Y-%m-%d"))  #Y 为大写
```

2018-10-12

```
>>>print(meeting_time.)                          #只输出年和月
```

2018-10

```
>>>print("温馨提示:开会时间是{0:%Y}年{0:%m}月{0:%d}日".format(meeting_time))
```

温馨提示：开会时间是 2018 年 10 月 12 日

**说明：**

① strftime()是一个规定 datetime 类对象值输出格式的函数。

② 可以使用 datetime()函数定义 datetime 类对象,格式如下：

datetime(year,month,day,hour=0,minute=0,second=0,microdecond=0)

其中,参数 year、month、day 不能省略,后面几个参数可以省略,给定的各参数值要符合历法和时间值的规定,如下定义将会报错(day 的值超出所在月份的范围)：

```
>>>t1=datetime(2018,6,31,8)                       #6月份没有第 31 天
Traceback (most recent call last):
  File "<pyshell#3>", line 1, in<module>
    t1=datetime(2018,6,31,8)
ValueError: day is out of range for month
```

**4. turtle 库**

turtle 库的主要作用是绘制图形,turtle 的中文含义是海龟。基于 turtle 的绘图过程就是模拟小海龟的爬行,爬行的轨迹就是绘制的图形。turtle 库提供了多个用于绘图的画笔控制函数和图形绘制函数。

1) setup()函数

setup()函数的功能是设置绘图窗口的大小和位置,语法格式如下：

**setup(width,height,startx=None,starty=None)**

其中,width 和 height 分别用于设置绘图窗口的宽度和高度,如果是整数,则看作像素值;如果是小数,则看作与屏幕的比例。startx 和 starty 分别为绘图窗口距离屏幕左边界和上边界的像素距离,如果取值为 None,则窗口位于屏幕中央。

2) penup()函数和 pendown()函数

penup()函数和 pendown()函数分别是抬起画笔和落下画笔,抬起画笔后,画笔的移动不绘图,落下画笔后,画笔的移动绘图。

3) pensize()函数

pensize(width)函数用于设置画笔尺寸,即绘图笔的粗细程度,可以为参数 width 设置一个合适的整数值,如果省略参数 width 或为其设置的值为 None,则返回当前画笔尺寸。

4) pencolor()函数和 fillcolor()函数

pencolor()函数用于设置画笔颜色,语法格式如下：

**pencolor(colorstring)**

其中,参数 colorstring 以字符串形式设置颜色值,如"red""yellow""blue"分别表示红色、黄色、蓝色等。

fillcolor(colorstring)函数只是用于设置填充颜色,开始填充要使用 begin_fill()函数,结束填充要使用 end_fill()函数。

5) goto()函数和 home()函数

goto(x,y)函数用于移动画笔到指定的坐标位置,窗口的中心点为(0,0)位置,向上、向右是正值,向下、向左是负值。

home()函数回到坐标原点(0,0)位置。

6) forward()函数

forward(distance)函数用于控制画笔沿当前方向前进 distance 个像素位置,如果 distance 的值为负值,则沿当前方向的反方向前进。

7) right()函数和 left()函数

right(angle)函数和 left(angle)函数的作用分别是在当前方向的基础上向右或向左转 angle 度。

8) setheading()函数

setheading(to_angle)函数的作用是按参数 to_angle 的值设置画笔的绝对角度方向。正东(向右)方向为 0 度,正北(向上)方向为 90 度,正西(向左)方向为 180 度,正南(向下)方向为 270 度。

9) circle()函数

circle(radius,extent=None)函数的作用是绘制圆形或弧形,参数 radius 用于设定半径值,参数 extent 用于设定弧形的角度值,省略 extent 或其取值为 None 时,则绘制圆形。

10) speed()函数

speed(speed=None)函数用于设置画笔的移动速度,可在[0,10]取值。

**【例 5.15】** 画若干个套在一起的正方形。

```
#P0515.py
def draw(x,y,fd):              #定义一个绘制正方形的函数
    turtle.goto(x,y)          #确定画笔的初始位置
    turtle.pendown()          #落下画笔
    for i in range(4):        #通过循环画出 4 条边
        turtle.forward(fd)    #画笔向前移动 fd 个像素位置
        turtle.right(90)      #画笔右转 90 度
    turtle.penup()            #抬起画笔
import turtle                 #引入 turtle 库
turtle.setup(500,350,325,175) #设置绘图窗口的大小和位置
turtle.pencolor("red")        #设置画笔颜色为红色
turtle.pensize(1)             #设置画笔尺寸
square_x=-2                   #第一个正方形开始位置的 x 坐标值
square_y=2                    #第一个正方形开始位置的 y 坐标值
length=5                      #第一个正方形的边长(像素值)
for k in range(18):           #共画 18 个正方形
    draw(square_x,square_y,length) #画出一个正方形
    square_x-=5               #画下一个正方形前,x 坐标值减 5
    square_y+=5               #y 坐标值加 5
    length+=10                #边长加 10
```

程序运行结果如图 5.2 所示。

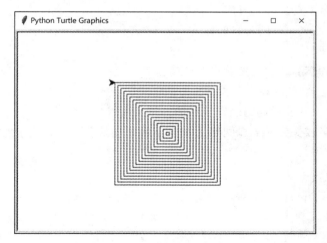

**图 5.2　画正方形图**

### 5.5.3　第三方库函数

顾名思义,第三方库(也称为扩展库)不是由 Python 解释器提供的,而是由第三方提供的,所以需要安装并引用后才能使用,可以使用 pip 命令安装第三方库。

pip 是 Python 内置命令,不能在 IDLE 环境下运行,需要在 Windows 的命令行界面执行。pip 命令支持安装(install)、下载(download)、卸载(uninstall)、列表(list)、查看(show)、查找(search)等多个安装和维护子命令。

以 Windows 10 为例,用鼠标右击屏幕左下角的 Windows 图标,打开"运行"界面,在界面的"打开"对话框中输入 cmd,进入 Windows 命令行界面,在命令行界面上输入如下命令:

```
pip install jieba
```

就可以进入第三方库 jieba 的安装过程,如图 5.3 所示。当屏幕上出现"Successfully installed jieba-0.39"信息后,说明 jieba 库安装成功。回到 IDLE 环境,就可以像使用 Python 标准库一样使用 jieba 库了。

**图 5.3　第三方库安装界面**

pip 命令的常用格式及相应的功能如下。

pip install 库名：安装第三方库。

pip install -U 库名：对已安装的库进行更新安装。

pip download 库名：下载库的安装包，但并不安装。

pip uninstall 库名：卸载已安装的第三方库。

pip list：列出已经安装的第三方库。

pip show 库名：显示指定的已安装库的详细信息。

pip search 库名或关键字：在网络上搜索库名或摘要中的关键字。

示例：

```
>>>import jieba
>>>jieba.lcut("Python 是一种易学易用的程序设计语言")
['Python', '是', '一种', '易学', '易用', '的', '程序设计', '语言']
>>>jieba.lcut("随着人工智能的快速发展")
['随着', '人工智能', '的', '快速', '发展']
```

说明：lcut()是 jieba 库中的一个具有中文分词功能的函数，进行中文文本分析，正确的分词是基础。

第三方库的安装还有自定义安装方式和文件安装方式，但更常用的还是 pip 命令安装方式。

【例 5.16】 对文本进行分析并生成词云图。

```
#P0516.py
#引入第三方库 jieba、matplotlib 和 wordloud
import jieba
import matplotlib.pyplot as plt
from wordcloud import WordCloud, STOPWORDS, ImageColorGenerator
text=""                                           #用于存储分词结果
fin=open(r"data.txt", "r")                        #从文本文件中读取数据
for line in fin.readlines():
    line=line.strip("\n")
text+=" ".join(jieba.cut(line))                   #将文本数据分词后存入 text 中
backgroud_Image=plt.imread(r"background.jpg")     #设置词云背景
#设置词云样式
wc=WordCloud(
    background_color="white",                     #设置背景颜色
    mask=backgroud_Image,                         #设置背景图片
    font_path=r"C:\Windows\Fonts\SimHei.ttf",     #设置中文字体
    max_words=100,                                #设置最大现实的字数
    stopwords=STOPWORDS,                          #设置停用词
    max_font_size=400,                            #设置字体最大值
    random_state=15                              #设置配色数
)
wc.generate_from_text(text)                       #生成词云
```

```
#字的颜色来自于背景图片的颜色
wc.recolor(color_func=ImageColorGenerator(backgroud_Image))
plt.imshow(wc)              #绘出词云图
plt.axis("off")            #是否显示 x 轴、y 轴下标
plt.show()                 #显示词云图
```

程序运行结果如图 5.4 所示。

图 5.4　词云图

Python 提供了大量的内置函数和标准库函数,还有很多的第三方库函数可用,可用于解决各个领域的实际问题。本节只是简要介绍,在后续章节(特别是第 9 章)还会结合实际编程介绍一些标准库函数和第三方库函数的使用,更多及更深入的了解可查阅 Python 官网和相关的网上社区。

# 5.6　变量的作用域

变量的作用域指变量的作用范围,在 Python 语言中,根据作用域的不同可以将变量分为全局变量和局部变量。

### 1. 全局变量

全局变量指在函数之外定义的变量,在整个程序范围内起作用。局部变量指在某个函数内部定义的变量,在该函数范围内起作用,程序控制离开函数时,其局部变量被 Python 解释器撤销,不再起作用。

示例:

```
def add(x,y):              #形参 x 和 y 是函数的局部变量
    c=x+y                  #变量 c 也是函数的局部变量
```

```
    print("a={},b={}".format(a,b))          #正确,函数内部使用全局变量
    print("c={}".format(c))                 #正确,函数内部使用自定义的局部变量
    return c
a,b=11,12                                   #定义全局变量 a 和 b
print("57+62={}".format(add(57,62)))        #调用函数
print("a={},b={}".format(a,b))              #正确,函数外部使用全局变量
print("c={}".format(c))                     #错误,函数外部使用局部变量
```

删除错误语句后,程序执行结果如下:

```
a=11,b=12
c=119
57+62=119
a=11,b=12
```

说明:

① 函数 add()的形参 x 和 y 以及其内部定义的变量 c 都是函数 add()的局部变量,在函数内部起作用,离开函数 add(),3 个变量被撤销,不能再用。

② 函数外部定义的变量 a 和 b 是该程序的全局变量,在函数内部没有同名局部变量的情形下,在函数内部和外部都起作用。

### 2. 局部变量

如果在函数内部定义有与全局变量同名的局部变量,则全局变量在函数外部起作用,局部变量在函数内部起作用。

示例:

```
def add(x,y):                               #形参 x 和 y 是函数的局部变量
    c=x+y                                   #变量 c 也是函数的局部变量
    a,b=28,29                               #定义与全局变量重名的局部变量 a 和 b
    print("a={},b={}".format(a,b))          #正确,函数内部使用局部变量 a 和 b
    print("c={}".format(c))                 #正确,函数内部使用局部变量 c
    return c
a,b=11,12                                   #定义全局变量 a 和 b
print("57+62={}".format(add(57,62)))        #调用函数
print("a={},b={}".format(a,b))              #正确,函数外部使用全局变量 a 和 b
```

程序执行结果如下:

```
a=28,b=29
c=119
57+62=119
a=11,b=12
```

说明:

① 如果函数内部定义了与全局变量同名的局部变量,则在函数内部局部变量起作用,在函数外部全局变量起作用。

② 编写 Python 程序时,定义变量是指用赋值号(=)给变量赋值。所以,在 add()函数

外,"a,b=11,12"是定义全局变量 a 和 b,在 add()函数内,"a,b=28,29"是定义局部变量
a 和 b。

　　如果在函数外部定义了全局变量,又需要在函数内部通过赋值的方式改变全局变量的
值,可以在函数内部进行全局变量声明,格式如下:

**global 变量名 1,变量名 2,…,变量名 n**

示例:

```
def add(x,y):                           #形参 x 和 y 是函数的局部变量
    c=x+y                               #变量 c 也是函数的局部变量
    global a                            #声明 a 为全局变量
    a,b=28,29                           #a 为全局变量,b 为局部变量
    print("a={},b={}".format(a,b))      #函数内部使用全局变量 a 和局部变量 b
    print("c={}".format(c))             #函数内部使用局部变量
    return c
a,b=11,12                               #定义全局变量 a 和 b
print("57+62={}".format(add(57,62)))    #调用函数
print("a={},b={}".format(a,b))          #函数外部使用全局变量 a 和 b
```

程序执行结果如下:

```
a=28,b=29
c=119
57+62=119
a=28,b=12
```

**说明:**

　　① 如果需要在函数内部对全局变量赋值,又想保留其全局变量性质,可以用 global 关
键字进行声明。示例中,由于对变量 a 进行了声明,a 仍然为全局变量,a=28 为对全局变量
的使用,而变量 b 由于没有进行声明,b=29 为定义一个与全局变量同名的局部变量 b。

　　② 由于变量 a 在函数内部和外部都是以全局变量性质出现,整个程序中只有一个变量
a,所以函数内部的赋值语句(a=28)改变了 a 的原有值(11);变量 b 有局部变量和全局变量
两种形式,整个程序中有两个同名的变量 b,分别在函数内部和外部起作用,所以函数内部
的赋值语句(b=29)对全局变量 b 不起作用,全局变量 b 仍保持原有值(12)。

　　全局列表变量示例如下:

```
def funList(*list2):
    for i in list2:
        list1.append(i)                #向已有全局列表中追加元素
list1=[]                               #建立一个全局列表变量,初值为空
funList(76,62,81)                      #通过调用函数向列表中追加元素
print("list1=",list1)
```

程序执行结果如下:

```
list1=[76, 62, 81]
```

　　**说明**：函数外部的语句 list1＝[]的作用是建立一个名为 list1 的全局列表变量（初值为空），函数内部的 list1. append(i)语句向全局列表变量中追加元素，此时是使用列表变量，不是新建列表变量。如果要想在函数内部新建列表变量，应该使用类似于 list1＝[]的赋值语句形式。

　　局部列表变量示例如下：

```
def funList( * list2):
    list1=[]                        #新建与全局变量同名的局部列表变量 list1
    for i in list2:
        list1.append(i)             #向局部列表变量中追加元素
    print("局部 list1=",list1)       #输出局部列表变量的值
list1=[]                            #新建全局列表变量 list1
funList(76,62,81)                   #调用函数
print("全局 list1=",list1)           #输出全局列表变量的值
```

　　程序执行结果如下：

```
函数内部 list1=[76, 62, 81]
函数外部 list1=[]
```

　　**说明**：由于在函数内部有语句 list1＝[]，其作用是建立一个与全局变量同名的局部列表变量，其后的 list1. append(i)语句是向局部变量 list1 中追加元素，与全局变量 list1 无关，所以函数内部、外部输出变量 list1 的值是不同的，分别为局部变量和全局变量的值。

　　全局变量与局部变量的作用域总结如下：

　　（1）函数内部定义的变量称为该函数的局部变量，局部变量只在定义它的函数内部起作用，退出函数后，该函数的局部变量被撤销，不再起作用。

　　（2）定义变量要通过为变量赋值的形式实现。

　　（3）如果函数内部定义了与全局变量同名的局部变量，则同名的全局变量与局部变量分别在函数外部和内部起作用；如果函数内部没有定义与全局变量同名的局部变量，则全局变量在函数内部、外部都起作用。

　　（4）如果需要在函数内部为某个全局变量赋值，同时保持该全局变量的性质不变，可以用关键字 global 进行声明，声明之后在函数内部对全局变量的赋值是使用已有的全局变量，不是定义新的局部变量。

　　**【例 5.17】**　通过全局变量计算汉诺塔问题中移动盘子的次数。

　　问题分析：每有一次盘子的移动，计数器就应该加 1，如果计数器定义为函数的局部变量，每次退出函数就会被撤销，只有定义为全局变量，才能在程序运行期间一直起作用，计算出盘子的总移动次数。

```
#P0517.py
def hanoi(n,a,b,c):
    global num                      #声明已定义的全局变量
    if (n==1):
        print("{}-->{}".format(a,c)) #将 a 柱子上面的盘子移到 c 柱子上
        num+=1                       #盘子移动次数加 1
```

```
        else:
            hanoi(n-1,a,c,b)                    #借助 c柱子将 n-1 个盘子由 a 柱子移到 b 柱子上
            print("{}-->{}".format(a,c))        #将一个盘子由 a 柱子移到 c 柱子上
            num+=1                              #盘子移动次数加 1
            hanoi(n-1,b,a,c);                   #借助 a 柱子将 n-1 个盘子由 b 柱子移到 c 柱子上
num=0                                           #定义全局变量,用于存放盘子的总移动次数
m=int(input("请输入盘子个数 m="))
print("盘子的移动顺序为: ")
hanoi(m,'a','b','c')
print("盘子的总移动次数={}".format(num))
```

**【例 5.18】** 从键盘输入两个字符串,把每个字符串中的数字字符分离出来并组成一个整数,计算两个整数的和并输出。如果输入"a23TY78hy"和"xy58uv395ni",则输出数值60773(2378 加上 58395)。

问题分析:从字符串中截取出各位数字字符并组合成一个整数设计成函数,通过调用函数实现题目要求的功能。

```
#P0518_1.py
def fun(str1):
    str2=""
    for ch in str1:
        if "0"<=ch<="9":
            str2+=ch
    return int(str2)
str_a=input("请输入第一个字符串=")
str_b=input("请输入第二个字符串=")
print(fun(str_a)+fun(str_b))
```

如果不定义函数,程序应写成如下形式:

```
#P0518_2.py
str_a=input("请输入第一个字符串=")
str_b=input("请输入第二个字符串=")
str2=""
for ch in str_a:
    if "0"<=ch<="9":
        str2+=ch
x=int(str2)
str2=""
for ch in str_b:
    if "0"<=ch<="9":
        str2+=ch
    y=int(str2)
print(x+y)
```

程序从字符串中截取数字字符并组成整数部分的程序代码重复书写了两次,这样程序比较长,而且出错的概率增加。把重复代码定义为函数,程序简洁清晰,程序的正确性更高。

【例 5.19】 编写递归程序,输出斐波那契(Fibonnacci)数列的前 n 项,n 的值由键盘输入,数列的定义如下:

$$a_1 = 1, \quad a_2 = 1, \quad a_n = a_{n-1} + a_{n-2} \quad （其中 n \geqslant 3）$$

问题分析:由于是在程序运行期间生成若干项的值,所以把每次生成的值存入列表,最后输出整个列表的值。

```
#P0519.py
def fib(n):
    if n==1:
        fib1=1
    elif n==2:
        fib1=1
    else:
        fib1=fib(n-1)+fib(n-2)
    return fib1

fib_list=[]
m=int(input("请输入要输出的数列的项数="))
for i in range(1,m+1):
    fib_list.append(fibc(i))
print(fib_list)
```

## 习 题 5

1. 编写程序,判断由键盘输入的一个年份是否为闰年,并且输出相应信息,判断是否为闰年设计成函数形式。

2. 编写程序,根据键盘输入的边长计算三角形的面积并输出,判断是否能构成三角形及计算三角形的面积分别设计成函数形式。

3. 编写程序,将一个由键盘输入的十进制数转换为十六进制数并输出,进制转换设计成函数形式。

4. 编写程序,计算 1!+2!+3!+…+n!的值并输出,其中 n 的值通过键盘输入。累加和求阶乘分别设计成函数形式。

5. 编写程序,判断由键盘输入的正整数是否为素数,并且输出相应的信息,判断工作循环进行,直至输入一个负数结束。判断一个数是否为素数设计成函数形式。

6. 编写程序,实现多个数相加,并且输出计算结果。多个数相加设计成函数形式,该函数可以接收任意多个数值型参数,返回值为这些参数的和。当参数个数为 0 时,返回值也为0;当参数个数为 1 时,返回值为该参数的值。

# 第6章 文 件 处 理

前面章节中程序处理的数据都存放在变量中,是临时性存储,随着程序运行的结束,这些数据也就消失了。文件可以将数据长期保存下来,供以后分析和使用。本章所说的文件是指为了临时或长期使用的目的,以文本或二进制形式存放于硬盘、U盘、光盘等外部存储器中的数据集合。

## 6.1　文件的打开与关闭

### 6.1.1　文件概述

由于实际问题的数据量都比较大,所以编写程序解决实际问题时,多数情况会涉及文件的读写操作。

文件的读取或写入操作一般应用于以下情况:

(1) 程序运行时需要大量的、非实时生成的数据时,需要读取数据文件获取数据。

(2) 程序运行生成的结果需要长期保存供以后分析和使用时,需要将数据写入文件。

(3) 程序运行的中间结果数据过大或格式不符等原因需要临时保存为文件,并等待再次读取使用。

文件按照数据在计算机上存储的组织形式不同分为两种:文本文件和二进制文件。

(1) 文本文件:文本文件内部存储的是常规的中西文字符、数字、标点等符号,换行常用符号\n表示,此类文件一般可以使用普通文本编辑工具打开。

(2) 二进制文件:数据以二进制的形式存储于文件之中,普通文本编辑工具一般无法打开或编辑,读取此类文件需要解析二进制数据的结构和含义。例如,图片(.jpg)文件、Windows下的可执行文件(.exe)都是典型的二进制文件。

不论是文本文件还是二进制文件,对文件进行读写操作一般分为以下3个步骤:

(1) 打开文件。对文件进行读写操作前,首先要打开(创建)文件。

(2) 读写文件。对文件的操作,就是往文件中写入数据或者从文件中读取数据。

(3) 关闭文件。对文件操作完成后要关闭文件,否则可能会造成文件中的数据被破坏。

### 6.1.2　文件的打开

Python内置有文件操作函数open(),使用该函数可以将文件以文本形式或二进制形式打开,用于读写操作,语法格式如下:

```
open(filename,mode='r',encoding=None)
```

功能:打开指定文件,并返回一个文件对象,通过该对象可以对打开的文件进行读写

操作。

    参数 filename 用于指定需要打开的文件名，文件名可以通过绝对路径（如 C:\\temp\\ temp.txt）或相对路径（.\\temp.txt）的方式提供。考虑到程序的可移植性，一般推荐使用相对路径。如果提供的是不带任何路径的文件名，Python 默认打开当前目录下的文件。当前目录可以通过如下方式查看：

```
import os                    #导入 Python 内置库 os
print(os.getcwd())           #使用 os 库的 getcwd()方法获取当前目录
```

    参数 mode 是可选项，用于指定打开文件的方式。该参数可以使用的值包括 'r'、'w'、'x'、'a'、'b'、't'、'＋'等，若省略不写，将使用默认值 'r'。各个取值的含义如表 6.1 所示。

表 6.1　打开文件时 mode 参数值的含义

| 取值 | 含　义 |
|---|---|
| 'r' | 以只读模式打开文件（默认值） |
| 'w' | 以写数据模式打开文件。若该文件已存在，则先清除该文件中的现有内容；若该文件不存在，则先创建该文件再打开 |
| 'x' | 以创建文件写数据模式打开文件。若该文件已存在，则报 FileExistsError 错误 |
| 'a' | 以追加写数据模式打开文件。若该文件已存在，则写数据时追加在现有数据之后；若该文件不存在，则先创建文件后再打开文件 |
| 'b' | 以二进制模式打开文件 |
| 't' | 以文本模式打开文件（默认模式） |
| '＋' | 增加读或写模式（与 'r'、'w' 或 'a' 组合使用，如 'r＋'、'w＋'、'a＋'） |

    参数 encoding 是可选项，用于指定打开文本文件时，采用何种字符编码类型，保留为空时，表示使用当前操作系统默认的编码类型。由于历史发展等原因，不同语言、不同版本、不同类型的操作系统，甚至不同的软件，采用了不同的字符编码类型。因此，打开他人提供的文本文件时，使用正确的编码格式非常重要。另外，自己写文本文件时，为了通用性，应使用 utf-8 格式。常见字符编码格式及对应的语言种类如表 6.2 所示。

表 6.2　常见字符编码格式及对应的语言种类

| 编码格式 | 语言种类 | 编码格式 | 语言种类 |
|---|---|---|---|
| ascii | 英文 | gb2312 | 中文 |
| gbk | 中文 | utf-8 | 各种语言 |

    当使用二进制模式打开文件时，不能使用参数 encoding。

    例如，要以读数据的方式打开文件时，可以使用如下语句：

```
f=open(filename)
```

打开文件得到文件对象 f 时，mode 的默认值为'rt'，即以文本文件读模式打开，encoding 默认为系统编码模式。

open()函数还有其他一些不大常用的可选参数,如 buffering、errors 等,感兴趣的读者可以通过 Python 帮助文档学习了解。

【**例 6.1**】 打开包含物理三班成绩数据的文件 phyclass3. txt,并输出文件中的所有数据。

问题分析:以只读和文本模式打开 phyclass3. txt 文件,字符编码格式为'utf-8'。

```
#P0601.py
f=open('phyclass3.txt', 'r', encoding='utf-8')
txt=f.read()            #以字符串形式返回 phyclass3.txt 中的所有数据
print(txt)              #输出 txt 中的数据
f.close()               #关闭文件
```

程序运行结果如下(行数较多,1 行标题数据,45 行成绩数据,中间数据省略):

```
姓名,计算机,普物上,普物下
张三,81,93,90
王苗,97,81,75
冯志,64,84,82
  ⋮(中间数据略)
邢玮,9,79,92
申雪,84,77,72
李静,60,85,63
```

从例 6.1 中可以看出,采用文件方式可以大批量地处理数据,而且数据还能长久保存,避免了每次执行程序都要输入数据的麻烦。

## 6.1.3 文件的关闭

打开的文件使用完成后,需要使用 close()函数关闭文件。语法格式如下:

**f.close()**

功能:关闭已打开的文件。如果文件缓冲区有数据,此操作会先写入文件,然后关闭已打开的文件对象 f。使用 f.closed()可以查看文件对象是否是关闭状态,如果文件对象 f 已关闭,f.close()的值为 True,否则为 False。

完成文件的读写操作后,应该及时使用 close()函数将文件关闭,以保证文件中数据的安全、正确。

## 6.1.4 使用上下文管理器

对于文件操作,一般包括如下 3 个步骤:
(1) 使用 open()函数打开文件,并将文件对象赋值给一个变量,如 f。
(2) 通过文件变量(如 f),对文件进行读写操作。
(3) 文件使用完毕,使用 close()函数关闭文件。

但实际的程序中,往往会有以下两种情况发生,导致第(3)步的关闭文件未能执行,从而导致文件中的操作产生异常状况。例如,有些数据未能写入文件等。

（1）对文件进行读写操作时，产生了程序错误，程序会中途退出。

（2）文件读写完成后，忘了书写关闭文件代码 f. close()。

对于第 1 种情况，可以通过增加 try-exception 捕获异常代码来解决，但会在一定程度上增加代码复杂度；对于第 2 种情况，只能寄希望于良好的书写代码习惯，不要忘记书写 f. close()语句。

为了防止这两种情况导致的文件未能正常关闭，Python 提供了一种称为上下文管理器（context manager）的功能。上下文管理器用于设定某个对象的使用范围，一旦离开这个范围，将会有特殊的操作被执行。上下文管理器由 Python 的关键字 with 和 as 联合启动，现将例 6.1 的代码改写为使用上下文管理器实现如下：

```
#使用 with 和 as 关键字启动上下文管理器，缩进代码在上下文管理器内
with open('phyclass3.txt', 'r', encoding='utf-8') as f:
    txt=f.read()        #以字符串形式读出 phyclass3.txt 文件中的所有数据
    print(txt)          #输出字符串 txt 中的数据
```

以上代码的执行效果和例 6.1 的执行效果完全一致，但代码中并没有 f. close()语句。将文件对象 f 通过关键字 with … as 的方式置于上下文管理器中，程序执行过程中，一旦离开隶属于 with … as 的缩进代码范围，对文件 f 的关闭操作会自动执行。即使上下文管理器范围内的代码因错误异常退出，文件 f 的关闭操作也会正常执行。

使用上下文管理器，用缩进语句来描述文件的打开及操作范围，保证了使用完文件后的关闭操作。建议读者在进行文件操作时，使用此种方法。

# 6.2 文件的读写操作

## 6.2.1 文本文件的读写

### 1. 使用 readline 和 readlines 进行读操作

使用 open()函数打开文件时，如果给 mode 参数设定了'r'、'w＋' 或 'a＋'等取值，返回的文件对象便具有从文件中读取数据的能力。

对于文本文件，除了例 6.1 使用的一次读出文件中所有数据的 read()函数，也可以使用 read(n)方式，一次读取 n 个字符（n 应为一个大于或等于 0 的整数）；还可以使用 readline()和 readlines()方法，按行读取数据，一行的结束标志为'\n'. 语法格式如下：

```
f.readline()
f.readlines()
```

功能：

① f. readline()：返回 f 文件对象中的一行数据，包括行末结尾标记'\n'，字符串类型。

② f. readlines()：将 f 文件对象中的所有数据以'\n'为分隔符，将分隔后的每个字符串作为一个数据元素加入列表，并返回该列表。

【例 6.2】已有一个文本文件 sample601. txt，以 utf-8 编码，文件内有 3 行文本数据，分别使用文件对象的 readline()和 readlines()方法，读取并输出该文件中的数据，文件中的 3

行数据如下：

```
Hello,world.
你好,世界。
Hello,世界。
```

使用 readline()方法的程序代码如下：

```
#P0602_1.py
with open('sample601.txt', 'r', encoding='utf-8') as f:
    print(f.readline())        #输出 f 的第一行数据"Hello,world.\n"
    print(f.readline())        #输出 f 的第二行数据"你好,世界。\n"
    print(f.readline())        #输出 f 的第三行数据"Hello,世界。\n"
```

代码运行结果如下：

```
Hello,world.
你好,世界。
Hello,世界。
```

使用 readlines()方法的程序代码如下：

```
#P0602_2.py
with open('sample601.txt', 'r', encoding='utf-8') as f:
    lines=f.readlines()        #f.readlines() 将返回一个列表
    print('文件中的数据为: ')
    print(lines)
    print('再次尝试读取文件中的数据并输出: ')
    lines=f.readlines()        #本次 f.readlines()则返回一个空列表
    print(lines)
```

程序的运行结果如下：

```
文件中的数据为:
['Hello,world.\n', '你好,世界。\n', 'Hello,世界。']
再次尝试读取文件中的数据并输出:
[]
```

**说明：**

① 程序第一次执行代码 lines＝f.readlines()时，readlines()方法从 sample601.txt 文件开始读取到文件的结尾，将文件中的所有文本以'\n' 为分隔符，将分隔后的每条字符串作为一个数据项存入列表中，最后返回这个列表，因此 lines 中的数据为［'Hello,world. \n', '你好,世界。\n', 'Hello,世界。'］。

② 程序第二次执行代码 lines＝f.readlines() 时，readlines 却只得到一个空列表，列表中没有任何数据。这是因为第一次执行 f.readlines() 时，文件对象 f 的读取指针已经从文件头开始依次读取每一个数据，移动到了文件末尾，当再次尝试从 f 文件对象中读取数据时，文件读取指针已经指向了文件尾部，故不能读取出任何数据。

使用文件对象 f 的 tell( )方法,可以获取当前文件读取指针的位置。使用 f 的 seek (position)方法可以移动文件读取指针到指定位置(0≤position≤文件总字节长度)。需要注意的是,不同编码格式在对中文等大字符集字符编码时,一个字符可能占用 2 字节、3 字节甚至 4 字节,故使用 postion 值很难预估文件指向希望移动到的精确位置。如果移动到一个汉字的非起始字节位置时,输出会产生乱码。在对文本文件使用 seek( )方法时,一般使用 f.seek(0)将文件读取指针移动到文件头部,或者使用 f.seek(0,2)将文件指针移动至文件末尾(seek( )方法的第二个参数是可选参数,2 表示文件尾)。

在上段代码中增加几行代码(加粗显示):

```
#P0602_3.py
with open('sample601.txt', 'r', encoding='utf-8') as f:
    print('文件指针位置：', f.tell())              #f.tell() 的值为 0
    lines=f.readlines()                            #f.readlines() 将返回一个列表
    print('执行 readlines 后,文件指针位置:',f.tell())  #f.tell()的值为 49
    print('文件中的数据为：')
    print(lines)
    f.seek(0)                                      #文件指针移动至文件头
    print('执行 f.seek(0)后,文件指针位置:',f.tell())  #f.tell() 的值为 0
    print('再次尝试读取文件中的数据并输出：')
    lines=f.readlines()
    print(lines)
```

程序运行结果如下：

```
文件指针位置：0
执行 readlines 后,文件指针位置：49
文件中的数据为：
['Hello,world.\n', '你好,世界。\n', 'Hello,世界。']
执行 f.seek(0)后,文件指针位置：0
再次尝试读取文件中的数据并输出：
['Hello,world.\n', '你好,世界。\n', 'Hello,世界。']
```

**2. 遍历文件内容**

open( )函数打开文本文件后所返回的文件对象是一个可遍历对象,可以用在 for 循环中,每次遍历得到的数据是文件中的一行数据(行与行之间以'\n'分隔)。

示例：使用遍历文件对象的方式实现例 6.2 的功能。

```
with open('sample601.txt', 'r', encoding='utf-8') as f:
    for line in f:           #遍历 f,line 依次取得文件中的每行数据
        print(line)
```

代码运行结果如下：

```
Hello,world.
你好,世界。
Hello,世界。
```

【例 6.3】 读取心电图数据文件 electrocardiogram. txt 中的数据,使用 turtle 库绘制近似心电图。

问题分析:使用文本编辑器打开文件 electrocardiogram. txt 可知,共有 5 行数据,每行数据是用逗号(,)分隔的 100 个数值,这些数值是随时间而绘制的点的纵坐标 y 值,y 值的范围在[-89,93]波动,每行数值绘制一屏。

编写程序代码,使用 turtle 库创建一个宽 1000 像素、高 400 像素的画布。绘制图形时,每次从画布最左侧中间坐标(-500,0)开始,electrocardiogram. txt 文件提供的每两个数据间相距 10 像素,画完一屏后,清空屏幕,将画笔再次移至坐标(-500,0)处,重复直至将 5 行数据绘制完毕。

```python
#P0603.py
import turtle
y_pos=[]                                    #保存文件中 5 行数据分隔的 5 个列表
with open('heartRates.txt', 'r', encoding='utf-8') as f:
    for line in f:
        #将行字符串数据 line 使用 strip()去除'\n'
        #然后使用 split(',')方法以逗号分隔生成列表
        line_list=line.strip().split(',')
        y_pos.append(line_list)             #将每行数据列表加入 y_pos 列表中
turtle.setup(1000, 400)
for item in y_pos:                          #遍历 y_pos 中每行数据,每行均为 100 个数值
    turtle.speed(0)                         #设定 turtle 绘图速度为最快
    turtle.clear()                          #turtle 画布清屏
    turtle.penup()                          #抬起画笔
    turtle.goto(-500, 0)                    #将画笔笔触移至坐标(-500,0)
    turtle.pendown()                        #放下画笔
    turtle.speed(1)                         #设置 turtle 绘图速度为最慢
    for y in item:                          #遍历一行数据中的每一个数据
        #根据每一个数据点将笔触由前一个点移至下一个点,完成绘图
        turtle.goto(turtle.xcor()+10, int(y))
turtle.done()
```

程序代码执行结果如图 6.1 所示。

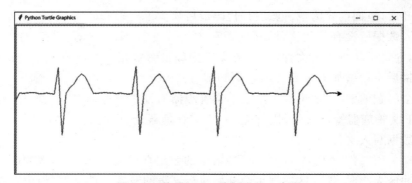

图 6.1 使用 turtle 绘制近似心电图

### 3. 写操作

为了进行文件的写操作,使用 open() 函数时,要将 mode 参数设置为 'w'、'x'、'a'等值,获取文件对象后,使用文件的 write()方法,将字符串写入文件。

示例:

```
#使用 with…as 上下文管理器,确保离开此代码块时,文件能自动关闭
#'w'参数指定以写数据方式打开文件,encoding='utf-8'指定字符编码格式
with open('sample602.txt', 'w', encoding='utf-8') as f:
    f.write('Hello,world.')        #将"Hello,world."写入文件
    f.write('你好,世界。')          #将 "你好,世界。"写入文件
```

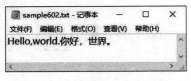

**图 6.2　sample602.txt 文件内容**

程序运行后,可在当前目录下找到一个名为 sample602.txt 的文本文件,使用任一种文本编辑器打开后,查看内容为一行数据"Hello,world. 你好,世界。",如图 6.2 所示,使用了两条 f.write()语句,但"Hello,world."和"你好,世界。"两个字符串没有显示在两个不同的行。

向文件中写入数据时,如果需要有数据换行的效果,需要在行末增加'\n'换行字符,将代码中的 f.write('Hello,world.')修改为 f.write('Hello,world. \n')。

再次运行程序后,打开 sample602.txt 文件查看,"Hello,world."和"你好,世界。"将显示在两行上。

语句 f.write(s) 的作用是将数据 s 写入文件对象 f 指向的文件中,但在实际执行时,数据 s 并没有直接写入文件,而是写入计算机缓存中,当关闭文件对象 f 时,Python 才会将缓存中的数据真正写入文件。例如:

```
#不使用上下文管理器进行文件操作
f=open('sample603.txt', 'w', encoding='utf-8')
f.write('Hello,world.\n')
f.write('你好,世界。')
```

上述代码执行后,可以在当前目录下看到一个新建的文本文件 sample603.txt,使用文本编辑器打开后,里面内容为空。原因是代码最后缺少了一条 f.close()语句,文件对象 f 打开文件并写入数据后没有关闭文件,写入缓存中的数据"Hello,world."和"你好,世界。"未能写入文件,导致虽执行了写文件操作,但文件中却没有数据。为了避免这种情况的发生,只须在代码最后一行增加一条 f.close()语句即可。

对于这个问题的解决,也可以采用上下文管理器的方式进行文件打开操作,这样文件对象 f 将由上下文管理器管理,代码执行完,上下文管理器会自动执行文件对象的关闭操作,将缓存中的数据写入文件。

除了主动关闭文件时 Python 会将缓冲区中的数据真正写入文件,当缓冲区中的数据接近或超出缓冲区大小时,缓冲区数据也会开始执行真正的写入文件操作,但由于操作系统及软件设置的不同,缓冲区大小往往不同,等缓冲区数据填满后再主动写入文件,时间和结果往往都是不可预期的。

使用 f.flush()方法,可以在缓冲区数据未满、文件也未关闭的情况下,将缓冲区数据强制写入文件,这对于调试程序时,未关闭文件对象 f 又要实时查看文件中的内容时,非常有用。

**【例 6.4】** 打开物理三班成绩文件 phyclass3.txt,按计算机成绩由高到低排序后输出。

问题分析:在例 6.1 中,我们已经可以读取文件 phyclass3.txt 的数据并输出,本例要求按计算机成绩排序,需要对读取的每行数据进行分隔操作存为列表后,再排序输出。

```
#P0604.py
score_list=[]                                      #用于保存学生姓名和成绩的列表
with open('phyclass3.txt', 'r', encoding='utf-8') as f:
    title=f.readline().strip().split(',')          #第一行数据为标题行
    for line in f:                                 #从第二行开始是姓名和成绩数据行
        tmp=line.strip().split(',')                #对每行数据使用逗号分隔符分隔成列表
        score_list.append(tmp)
score_list.sort(key=lambda x:x[1], reverse=True)   #按计算机成绩列排序
for item in title:                                 #用于输出标题行
    print(item, end='\t')                          #标题间用 '\t'分隔
print()                                            #输出标题行后输出换行
for item in score_list:                            #遍历 score_list 数据
    for tmp in item:                               #遍历每个学生的数据
        print(tmp, end='\t')                       #将该学生姓名及成绩数据使用'\t'分隔
    print()                                        #输出每行数据后换行
```

程序运行的部分结果如图 6.3 所示。

观察运行结果,发现按计算机成绩排序整体正常,但中间有一个成绩为"9"的数据打乱了排序。究其原因是代码从文件中读取的每行数据均为字符串,使用 split(',')拆分后各成绩数据仍然是字符串,score_list 列表内部分数据如图 6.4 所示。

| 姓名 | 计算机 | 普物上 | 普物下 |
|---|---|---|---|
| 王苗 | 97 | 81 | 75 |
| 刘航 | 96 | 75 | 60 |
| 包涛 | 93 | 95 | 70 |
| 王宁 | 90 | 99 | 64 |
| 邢玮 | 9 | 79 | 92 |
| 王英 | 88 | 62 | 86 |
| 吴瑶 | 85 | 63 | 55 |
| 赵斌 | 85 | 78 | 71 |

```
[['王苗', '97', '81', '75'],
 ['刘航', '96', '75', '60'],
 ['包涛', '93', '95', '70'],
 ['王宁', '90', '99', '64'],
 ['邢玮', '9', '79', '92'],
 ['王英', '88', '62', '86'],
 ['吴瑶', '85', '63', '55'],
 ['赵斌', '85', '78', '71'],
 ['陈晶', '85', '91', '64'],
```

图 6.3　按计算机成绩排序图　　　　　　　　图 6.4　score_list 中数据

Python 对计算机成绩排序时,并不是在按照数值型数据排序,而是按字符串型数据排序,因此成绩"9"排在了"88"之上,为解决这个问题,修改后的代码如下(加粗字体):

```
score_list=[]
with open('phyclass3.txt', 'r', encoding='utf-8') as f:
    title=f.readline().strip().split(',')
    for line in f:
```

```
        tmp=line.strip().split(',')
        #将成绩数据由字符串转变为整型数据
        tmp=[tmp[0], int(tmp[1]), int(tmp[2]), int(tmp[3])]
        score_list.append(tmp)
score_list.sort(key=lambda x:x[1], reverse=True)
  ⋮(后面代码同上例,略)
```

程序执行结果如图 6.5 所示。

| 姓名 | 计算机 | 普物上 | 普物下 |
|------|--------|--------|--------|
| 王苗 | 97 | 81 | 75 |
| 刘航 | 96 | 75 | 60 |
| 包涛 | 93 | 95 | 70 |
| 王宁 | 90 | 99 | 64 |
| 王英 | 88 | 62 | 86 |
| 吴瑶 | 85 | 63 | 55 |
| 赵斌 | 85 | 78 | 71 |
| 陈晶 | 85 | 91 | 64 |
| 曹惠 | 85 | 95 | 90 |
| ⋮ | ⋮ | ⋮(中间部分数据略) | ⋮ |
| 成哲 | 60 | 73 | 63 |
| 李静 | 60 | 85 | 63 |
| 郭瑞 | 58 | 67 | 64 |
| 邢玮 | 9 | 79 | 92 |

图 6.5　按计算机成绩排序

由本例看出,从文本文件中读出的数据是以字符串形式存在的,在使用这些数据进行分析操作前,还需要进行数据格式的转换等数据解析操作,否则可能会导致数据处理的结果不符合预期。

下面将介绍一种文件格式的读写操作,数据读取进来就是所需要的正确的数据类型,可直接用于数据分析等操作。这种文件类型是以二进制方式读写的 pickle 文件类型。

## 6.2.2　pickle 文件的读写

读写 pickle 文件需要使用 Python 内置的 pickle 库,pickle 库可以直接使用由 open()函数返回的二进制模式文件对象,对文件进行二进制数据读写操作,而不使用文件对象内置的 read()和 write()等方法。

### 1. 读 pickle 文件

从 pickle 文件中读取数据的语法格式如下:

```
pickle.load(f)
```

f 为 open()函数返回的可读模式二进制文件对象,pickle.load(f)的返回值由写入 pickle 时的文件类型决定。

【例 6.5】　打开物理三班成绩文件 phyclass3.pk1,按计算机成绩排序后,输出班级所有学生及成绩(phyclass3.pk1 文件中写入的原始数据为列表类型)。

```
#P0605.py
with open('phyclass3.pkl', 'rb') as f:          #以二进制方式打开文件并返回文件对象 f
    #使用 pickle 库 load 方法恢复文件中数据至 score_list
    score_list=pickle.load(f)
print('从 pickle 文件恢复数据后类型为：',type(score_list))
title=score_list.pop(0)                         #弹出并返回第一行数据 (标题)
score_list.sort(key=lambda x:x[1], reverse=True)
for item in title:
    print(item, end='\t')
print()
for item in score_list:
    for tmp in item:
        print(tmp, end='\t')
    print()
```

程序运行结果如下：

从 pickle 文件恢复数据后类型为：<class 'list'>

| 姓名 | 计算机 | 普物上 | 普物下 |
|------|--------|--------|--------|
| 王苗 | 97 | 81 | 75 |
| 刘航 | 96 | 75 | 60 |
| 包涛 | 93 | 95 | 70 |
| ⋮(中间数据略) | | | |
| 李静 | 60 | 85 | 63 |
| 郭瑞 | 58 | 67 | 64 |
| 邢玮 | 9 | 79 | 92 |

由本例可以看出，由 pickle 库的 load() 方法恢复的数据为列表类型（存储该文件时的原始数据类型），读者也可以直接输出 score_list 的数据查看，姓名数据为字符串型，计算机、普物上和普物下数据都为整型，省去了在程序中自己解析数据的麻烦。

本例中用的 phyclass3.pkl 文件是由 pickle 库的写数据方法 dump() 完成的。

### 2. 写 pickle 文件

使用 pickle 库的 dump() 方法可以将数据以二进制方式存入文件中，当使用 pickle 库的 load() 方法读取时，可以直接恢复出原始数据类型的数据。语法格式如下：

**pickle.dump(data, f)**

功能：将数据写入二进制写模式文件对象 f。

示例：

```
import pickle
i=100
s='Hello,world.'
l=[98, 99, 100]
d={'name':'张三', 'age':19, 'gender':'M'}
with open('pkldemo.pkl', 'wb') as f:            #文件对象 f,以二进制写模式打开
```

```
    pickle.dump(i, f)                        #将一个整型数据写入文件
    pickle.dump(s, f)                        #将一个字符串数据写入文件
    pickle.dump(l, f)                        #将一个列表数据写入文件
    pickle.dump(d, f)                        #将一个字典数据写入文件
print('数据已写入文件。')
```

执行上面的代码,共向 pkldemo.pk1 文件中写入 4 个数据,分别为整型数据 100、字符串数据'Hello,world.'、列表数据[98，99，100]和字典数据{'name':'张三', 'age':19, 'gender':'M'}。

下面的代码使用 pickle 库将数据读出,并且查看各数据的类型和值。

```
with open('pkldemo.pkl', 'rb') as f:
    v1=pickle.load(f)
    v2=pickle.load(f)
    v3=pickle.load(f)
    v4=pickle.load(f)
print('s1类型:{}\n值:{}'.format(type(v1), v1))
print('s1类型:{}\n值:{}'.format(type(v2), v2))
print('s1类型:{}\n值:{}'.format(type(v3), v3))
print('s1类型:{}\n值:{}'.format(type(v4), v4))
```

程序运行结果如下:

```
s1类型:<class 'int'>
值:100
s1类型:<class 'str'>
值:Hello,world.
s1类型:<class 'list'>
值:[98, 99, 100]
s1类型:<class 'dict'>
值:{'name':'张三', 'gender':'M', 'age':19}
```

由本例可以看出,使用 pickle 的 dump()方法,可以将不同类型的数据写入文件中。使用 pickle 的 load()方法,可以将各数据以原类型读出使用,无须用户进行数据的解析操作。

## 6.2.3  JSON 文件的读写

JSON(JavaScript Object Notation)是一种当前广泛应用的数据格式,多用于网站数据交互及不同的应用程序之间的数据交互。JSON 数据格式起源于 JavaScript,但现在已经发展成为一种跨语言的通用数据交换格式。

Python 内置 json 库,用于对 JSON 数据的解析和编码,使用 json 库的 dump()和 load()方法,可以将不同类型数据写入文件,或者将数据从文件中读出恢复成原始数据类型数据。使用 json 库的 dump()和 load()方法与 pickle 库的 dump()和 load()方法基本类似,但 JSON 格式更方便和其他应用交换数据,是一种通用数据格式,而 pickle 主要针对 Python 适用的数据类型进行处理。

Python 中的 json 库对数据编码存储和解码读取时,总是使用字符串类型,因此写数据或读数据时,文件对象都应该以文本模式打开。

示例:

```
import json
with open('jsondemo.json', 'w') as f:          #以文本写模式打开文件 jsondemo.json
    json.dump({'name':'张三','gender':'M','age':19},f)      #将数据写入文件中
with open('jsondemo.json', 'r') as f:          #以文本读模式打开文件 jsondemo.json
    v=json.load(f)                             #将文本中数据读出还原后赋值给变量 v
print(type(v), v)                              #输出 v 的类型和值
```

代码运行结果如下:

```
<class 'dict'>
{'name': '张三', 'gender': 'M', 'age': 19}
```

# 6.3　os 库

Python 内置 os 库(operating system library)提供了大量和目录及文件操作相关的方法。使用 import os 语句引入 os 库后就可使用其相关方法,下面简单介绍 os 库的常用方法。

## 1. 获取和设置当前工作路径

```
os.getcwd()            #获取当前工作路径
os.chdir(path)         #将当前工作路径修改为 path,如 os.chdir(r'c:\Users')
```

## 2. 判断文件夹或文件是否存在

```
os.path.exist(name)    #判断 name 文件夹或文件是否存在,存在则返回 True,否则返回 False
```

## 3. 文件夹类操作

```
os.mkdir(pathname)     #新建一个名为 pathname 的文件夹
os.rmdir(pathname)     #删除空文件夹 pathname,文件夹不为空则报错
os.path.isdir(path)    #判断 path 是否是文件夹,是则返回 True,否则返回 False
```

示例:

```
import os
for i in range(1, 11):
    #'{:0>3}'.format(i) 生成字符串'001'~'009'
    pathname='2018'+'{:0>3}'.format(i)
    os.mkdir(pathname)
```

该程序段的功能是创建以学号 2018001～2018010 为名的 10 个文件夹。

### 4. 文件类操作

```
os.path.getsize(file)    #若文件 file 存在,则返回其大小,否则报错
os.remove(filename)      #删除文件 filename,文件不存在则报错
os.isfile(filename)      #返回 filename 是否是文件,是则返回 True,否则返回 False
```

### 5. 遍历文件

```
os.listdir(path)    #以列表形式返回 path 路径下的所有文件名,不包括子路径中的文件名
os.walk(path)       #返回类型为生成器,包含数据为若干包含文件和文件夹名的元组数据
```

文件夹结构如图 6.6 所示。

os.listdir('a') 返回结果为一个列表,内容为['a.txt', 'b', 'b.txt', 'c'],包括 a 文件夹下所有文件夹和文件的名称。

os.walk('a') 返回生成器,使用 list(os.walk('a')) 得到结果如下:

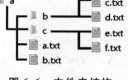

```
[('a', ['b', 'c'], ['a.txt', 'b.txt']),
 ('a\\b', [], ['c.txt', 'd.txt']),
 ('a\\c', [], ['e.txt', 'f.txt'])]
```

**图 6.6　文件夹结构**

共包括 3 个元组,每个元组第一个元素是文件夹的名称;第二个元素是一个列表数据,是当前文件夹下直接包含子文件夹的名称集合(无子文件夹则为空列表);第三个元素是一个列表数据,是当前文件夹下直接包含文件的名称集合(无直接文件则为空列表)。

## 习 题 6

1. 编写程序,读取 data_in.txt 文件,将每行的数据作为一个数值型数据累加,将累加结果写入 data_out.txt 文件中。data_in.txt 文件中的数据内容为:

```
15.7
23
14
84
```

2. 编写程序,按行将下面古诗逐行写入 poem.txt 中,编码要求采用 utf-8 格式。

```
八阵图
[唐]杜甫
功盖三分国,
名高八阵图。
江流石不转,
遗恨失吞吴。
```

3. 编写程序,使用上下文管理器方式读取本章第 2 题中的 poem.txt 文件,并逐行输出(注意,输出的行与行之间不要出现空行)。

# 第7章　异　常　处　理

编写程序,开发软件,不仅要尽可能保证其正确性、安全性和可靠性,还要保证其具有较好的容错能力。也就是说,对正常的输入与运行,应该得到预期的处理结果;对于输入数据错误、内存空间不够、文件打不开等异常情况,也应该有适当的处理机制和提示,而不是导致系统非正常退出,甚至死机等一般用户难以处理的局面。Python 的异常处理机制比较好地解决了这个问题。

## 7.1　异常处理的基本思路

程序中对错误或异常的处理模式是有一个发展过程的。

在早期,主要是靠编程人员编程时的仔细设计和用户使用时的细心操作,避免出现输入错误和运行错误。例如,不能出现除数为 0 的情况、访问数组元素不能越界等。程序中没有错误处理机制,这种模式对专业人员编写与使用的小程序是可行的。

【例 7.1】　从键盘输入若干考试成绩,统计不及格成绩的平均值。没有错误或异常处理的源程序。

```python
#P0701.py
score_list=[]                      #定义空列表
total=num=0
for i in range(5):
    score=int(input("score="))
    score_list.append(score)       #把输入的成绩值存入列表
for i in range(5):
    if score_list[i]<60:
        total+=score_list[i]       #成绩累加
        num+=1
ave=total//num
print("不及格成绩的平均值=",ave)
```

程序执行时,如果输入 78,38,92,57,46 成绩值,则输出结果为"不及格成绩的平均值=47"。如果输入 94,65,71,82,69 成绩值,则程序非正常结束,并给出如下提示信息(遇到了除数为 0 的错误):

```
Traceback (most recent call last):
  File "C:/Users/Administrator/Desktop/P0701.py", line 11, in<module>
    ave=total//num
ZeroDivisionError: integer division or modulo by zero
```

如果输入 82,−52,65,71,39 成绩值,则输出结果为"不及格成绩的平均值＝−7",输出结果显然不正确,一个可能的原因是由于误操作导致的非法成绩数据(−52)。

对于这种没有错误或异常处理的程序,只能靠用户仔细地输入数据才能保证程序正确执行,既不能输入不在 0～100 内的成绩值,也要保证有不及格的成绩,否则程序执行时会出现错误,导致程序中止(用户可能因不知道原因而感到莫名其妙)。

Python 解释器执行程序代码时,如果遇到"被 0 除"的运算等问题,程序非正常结束。这种解释器遇到的无法处理的非正常情况称为异常(exception)。当遇到异常后,程序停止执行,并给出相应的异常提示信息。

Python 解释器采用固定格式描述所出现的异常,常见的异常提示信息结构如图 7.1 所示。

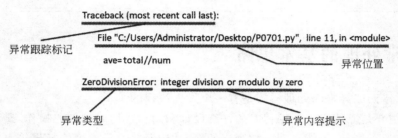

**图 7.1　异常信息结构**

在图 7.1 中,异常类型表明了异常发生的原因,同时也是处理异常的依据;异常内容提示是异常的信息说明;异常位置说明发生异常的文件以及异常的代码行。

异常的类型多种多样,再看几个异常示例,体会发生异常的原因。

1) 字符串和数值相加

```
>>>s="人民币"
>>>t=1000
>>>print(s+t)
```

由于字符串类型和数值类型不能直接相加,所以执行 print(s＋t)语句时引发 TypeError(类型错误)异常:

```
Traceback (most recent call last):
  File "<pyshell#4>", line 1, in<module>
    print(s+t)
TypeError: must be str, not int
```

2) 引用未定义的变量名

```
>>>m="人生苦短,我用 Python"
>>>print(n)
```

由于没有定义变量 n,所以执行 print(n)语句时引发了 NameError(名字错误)异常:

```
Traceback (most recent call last):
  File "<pyshell#5>", line 1, in<module>
```

```
    print(n)
NameError: name 'n' is not defined
```

3）索引值超出范围

```
>>>a=["苹果","香蕉","梨","西瓜","芒果","桃子"]
>>>print(a[10])
```

由于索引值超出有效范围,所以执行 print(a[10])语句时引发了 IndexError(索引值错误)异常:

```
Traceback (most recent call last):
  File "<pyshell#10>", line 1, in<module>
    print(a[6])
IndexError: list index out of range
```

该示例中,由于列表变量 a 中只有 6 个元素,所以索引值的有效范围是 0～5,访问 a[6] 是错误的,如果要输出列表的最后一个元素值,应写为 print(a[5])。

再看如下示例:

```
>>>a=["苹果","香蕉","梨","西瓜","芒果","桃子"]
>>>i=eval(input("请输入水果编号："))
>>>print(a[i])
```

执行上述语句,如果用户的输入是 0～6 的整数,则程序正常执行,并输出索引值对应的水果名;否则就会引起异常(如输入 6,异常类型与上例相同),但异常并非由语法错误引起,不能直接修改错误代码。如何来处理这样的异常? 一般处理策略是:异常发生前,避免异常;异常发生后,捕获异常。

本例中用户输入的数值引起了非有效索引值而导致异常,那么可以先判断该数值是否是有效索引值,然后进行相应处理,代码修改如下:

```
a=["苹果","香蕉","梨","西瓜","芒果","桃子"]
i=eval(input("请输入水果编号："))
if 0<=i<6:
    print(a[i])
else:
    print("输入的数字不在 0~5 内。")
```

执行上述代码,如果输入非有效索引值(如 6),则输出提示信息"输入的索引值不在 0～5 内。",避免引起异常。

【例 7.2】　直接进行错误或异常判断与处理的源程序。

```
#P0702.py
score_list=[]
total=num=0
i=1
while i<=5:
    score=int(input("score="))
```

```
        if score<0 or score>100:
            print("输入的成绩值错误,请重新输入!")
            continue
        else:
            score_list.append(score)
            i+=1
for i in range(5):
    if score_list[i]<60:
        total+=score_list[i]
        num+=1
if num==0:
    print("没有不及格的成绩值!")
else:
    ave=total//num
    print("不及格成绩的平均值=",ave)
```

执行程序时,如果输入 78,38,92,57,46 成绩值,则输出结果为"不及格成绩的平均值＝47"。如果输入 96,65,71,82,69 成绩值,输出结果为"没有不及格的成绩值!"。如果输入 82,－52 后,提示用户"输入的成绩值错误,请重新输入!",重新输入 52 及 65,71,39 后,输出结果为"不及格成绩的平均值＝45"。

输入合适的考试成绩,会得到相应的结果,如果输入的成绩不合理(小于 0 或大于 100),则给出重新输入的提示;如果没有不及格的成绩,则也给出提示并避免出现除数为 0 的异常运算,这对一般用户来说是可理解和可接受的。

随着程序规模的不断变大,而且非专业人员逐渐成为程序的主要用户,没有良好的错误或异常处理机制的编程模式编写出的程序很难适应实际需要。在程序中对可能出现的错误或异常直接进行判断,如果发现有错误或异常,则进行相应的处理。这种模式,处理可能出现的错误的程序代码与实现功能的程序代码混合在一起,优点是处理直接、运行开销小,对于规模不太大的程序是可行的;缺点是功能实现代码被错误处理代码隔开,程序的可理解性和可维护性降低,而可理解性与可维护性对于规模比较大的程序来说是保证程序质量的重要指标。

如果程序规模很大,那么实现程序功能的代码量很大,判断是否出现异常并进行相应处理的代码量也会很大,而且相互混合在一起出现,将影响对程序的阅读和理解,程序中出现的错误既不容易发现,也难以改正。

# 7.2　Python 异常处理机制

Python 语言的错误或异常处理机制是:将异常的检测与处理分离,实际上是将功能代码与异常处理代码分开,提高了程序的可理解性和可维护性,适合于编写规模比较大的程序,能够有效保证程序的质量。

## 7.2.1　try-except 语句

程序抛出的异常是可以被捕获的,根据捕获的异常类型,编写出异常处理代码可以避免

程序非正常结束。Python 提供了 try-except 结构来捕获和处理异常,其语法格式如下:

```
try:
    语句块
except 异常类型 1:
    异常处理语句块 1
    ⋮
except 异常类型 n:
    异常处理语句块 n
except:
    异常处理语句块 n+1
```

关键字 try 后的语句块是要执行的代码,当其发生异常后,系统捕获异常,并逐一和 except 后的异常类型匹配,若匹配上,则执行相应的异常处理语句块。

1) 特定异常类型

except 后直接书写单个异常类型,如果匹配捕获的异常类型,则会执行相应的异常处理语句块。例如:

```
a=["苹果","香蕉","梨","西瓜","芒果","桃子"]
i=eval(input("请输入水果编号:"))
try:
    print(a[i])
except IndexError:
    print("输入的数值不在 0~5 内。")
```

执行上述代码,如果输入数值是非有效索引值(如 6),系统捕获异常,匹配 except 语句的异常类型,执行相应的异常处理,输出信息"输入的数值不在 0～5 内。",程序正常结束。

2) 多 except 语句

如果捕获的异常类型无法和 except 列出的类型匹配,那么不执行相应的异常处理,程序依然会引起异常,非正常退出。例如,输入浮点数(如 2.8,会引起列表索引的 TypeError 异常,无法匹配 except 的异常类型,因此依然引起异常)。对于多种异常类型,可以使用多个 except 语句来处理,修改代码如下:

```
a=["苹果","香蕉","梨","西瓜","芒果","桃子"]
i=eval(input("请输入水果编号:"))
try:
    print(a[i])
except IndexError:
    print("输入的整数不在 0~5)内。")
except TypeError:
    print("不能输入浮点数。")
```

对于浮点数和超范围的整数引起的异常,上面的代码都进行了处理。但是,用户也许会输入非数字型字符串,这将会使 eval() 函数产生异常,用多分支 if 语句来处理比较麻烦(读者可以尝试),而采用捕获异常的方式则非常简单,代码如下:

```
a=["苹果","香蕉","梨","西瓜","芒果","桃子"]
try:
    i=eval(input("请输入水果编号："))
    print(a[i])
except IndexError:
    print("输入的数值不在 0~5 内。")
except TypeError:
    print("不能输入浮点数。")
except NameError:
    print("输入的字符不是数字。")
```

对于多个 except 语句，按照顺序对比捕获的异常类型，遇到第一个匹配的 except 异常类型，执行相应异常处理语句块，这个特点和多分支语句相似。

3）使用元组

如果对多种异常采用相同的处理程序，except 后可以用元组的形式包含多个异常类型，上例可以改写为：

```
a=["苹果","香蕉","梨","西瓜","芒果","桃子"]
try:
    i=eval(input("请输入水果编号："))
    print(a[i])
except (IndexError,TypeError,NameError):
    print("请输入 0~5 内的整数。")
```

4）省略异常类型

如果对于所有类型的异常都采用相同的处理策略，except 后的异常类型可以省略，则匹配所有异常类型，代码修改如下：

```
a=["苹果","香蕉","梨","西瓜","芒果","桃子"]
try:
    i=eval(input("请输入水果编号："))
    print(a[i])
except:
    print("请输入 0~5 范围内的整数。")
```

## 7.2.2　else 和 finally 语句

try-except 还可以配合 else 和 finally 使用，语法格式如下：

```
try:
    语句块
except 异常类型：
    异常处理语句块
    ⋮
else:
    无异常时执行的语句块
finally:
```

结果处理语句块

else 语句和 except 语句相反,若发生异常,则转向 except 语句;若没有发生异常,则会执行 else 后的语句块。无论有无异常发生,finally 后的结果处理语句块都会执行,一般用于善后处理。

【例 7.3】 输入 5 个学生的成绩,计算并输出平均值。如果输入数据引发异常,忽略该数据,并给出无效提示;否则进行计算,并给出有效提示。要求对每次输入都给出状态信息,例如,当前输入为第 X 个数据,其中有效数据 Y 个,平均值为 Z。

分析:数据异常统一采用 except 语句处理,无异常情况用 else 语句处理,最后用 finally 语句表示状态信息。

```
#P0703.py
total,num,ave=0,0,0
for i in range(5):
    try:
        score=eval(input("请输入学生成绩："))
        total+=score
        num+=1
        ave=total//num
    except:
        print("该成绩无效。")
    else:
        print("该成绩有效。")
    finally:
        print("当前输入为第{}个成绩,其中有效成绩{}个,\
            平均值为{:.2f}".format(i+1,num,ave))
```

except 语句和 else 语句二选一执行,用来判断是否发生异常,输出判断信息;finally 语句用来表明当前数据的输入状态,无论是否异常都会执行。

## 7.2.3 断言 assert 和用户抛出异常 raise

### 1. 断言

断言用来确认某个条件是否满足,经常和异常处理结构结合使用,语法格式如下:

**assert expression ,reason**

功能:当表达式 expression 的值为真时,什么都不做;否则,抛出 AssertionError 异常,reason 参数为异常类型的信息描述,可以省略。例如:

assert 1==2,"条件不满足导致异常"

由于条件表达式"1==2"的值为假,所以代码执行后的异常信息为:

```
Traceback (most recent call last):
  File "<pyshell#14>", line 1, in<module>
    assert 1==2, "条件不满足导致异常"
```

AssertionError: 条件不满足导致异常

**【例 7.4】** 输入 5 个学生的成绩，计算并输出平均值。要求成绩采用百分制，即输入成绩要求在 0～100 内，并且为整数。如果输入浮点数，则转换为整数；如果输入数据不在范围内或不是数值，则忽略该成绩，并提示数据无效；最后给出状态提示。

分析：使用 input() 函数接收用户输入的数据为字符串类型，用 eval() 函数转换类型为数值型；如果转换后的数值不在 0～100 内，则使用断言，设定条件表达式，当条件为假时引发异常；如果转换后为浮点数，再使用 int() 转换为整数（int() 函数截取浮点数整数部分，如果要四舍五入请使用 round() 函数）；如果转换后的数据不是数值，则引发异常。

```
#P0704.py
total,num,ave=0,0,0
for i in range(5):
    try:
        score=eval(input("请输入学生成绩："))
        assert 100>=score>=0,"成绩无效。"
        total+=int(score)
        num+=1
        ave=total//num
    except:
        print("该成绩无效。")
    else:
        print("该成绩有效。")
    finally:
        print("当前输入为第{}个成绩,其中有效成绩{}个,\
            平均值为{:.2f}".format(i+1,num,ave))
```

在本例中，范围外的数据和非数值数据不是合法成绩，都被忽略，所有异常都采用了 except 语句统一处理，也可以指定异常类型，对于不同异常，编写单独的异常处理代码。

**2. 用户抛出异常**

断言 assert 抛出 AssertionError 异常，Python 语言还允许用户使用 raise 语句抛出一个指定异常，从而结合 try-except 结构处理该特定异常，语法格式如下：

**raise 异常类型**

示例：

raise ArithmeticError

执行的结果如下：

```
Traceback (most recent call last):
  File "<pyshell#15>", line 1, in<module>
    raise ArithmeticError
ArithmeticError
```

在例 7.4 中，也可以使用 raise 语句主动抛出一个异常，结合 except 语句处理异常，在功

能上可以代替断言 assert,将代码"assert 100＞＝score＞＝0,"数据无效""",用如下代码替换:

```
if score<0 or score>100:
    raise ArithmeticError
```

习　题　7

1. 什么是异常? 总结本章的异常处理方法,并思考是否还有其他的方法?

2. 对比 try-except 结构和 if 分支结构在异常处理中的优缺点。

3. Python 有大量不断增加的第三方库,不同计算机安装的库不尽相同,这样计算机之间共享代码时可能会引发异常,例如代码引用了 requests 库,请考虑使用异常处理结构完善库的导入。

4. 编写程序,打开 C:\abc. txt 文件,文件内容为:"0123456789",要求显示全部内容。请采用异常处理结构解决在文件操作中可能会引发的异常。

# 第8章　面向对象程序设计

面向过程的程序设计方法需要编程人员直接定义每一个要用到的变量,直接编写每一段需要的程序代码,编程人员直接操作所有的数据,具体实现所有的功能。这种程序设计方法难以保证程序的安全性和代码的可重用性,即难以有效保证大程序的质量和开发效率。保证程序的安全性和代码的可重用性是面向对象程序设计方法的优势。

## 8.1　面向对象程序设计概述

### 8.1.1　面向对象的概念

面向对象的程序设计方法中,有3个重要的概念:对象、类、消息。

**1. 对象**

现实世界中,任何一个可区分的个体都可以视为一个对象。例如,一个学校、一个班级、一名学生、一本书、一个圆、一个长方体等都是一个对象,现实世界就是由这样的一个个对象组成的。

每个对象都有属性和行为,属性用于描述对象各主要方面的基本特征,行为是能够对该对象施加的操作。例如,对于一个学生对象,其属性为学号、姓名、性别、年龄、各门课程的考试成绩等,其行为是显示学生的基本信息、计算平均成绩等;对于一个长方体对象,其属性为长、宽、高,行为是计算表面积和体积。

**2. 类**

在面向对象的程序设计方法中,程序设计/软件开发是从考查分析限定范围内的对象开始的,并把具有相同属性和行为的对象归为一类,类代表了一批对象的共性。例如,每个长方体对象都有各自不同的长、宽、高等属性值,但其共性是都有长、宽、高等属性,都可以对其计算表面积和体积,可以把所有的长方体对象归为长方体类。同样,每个学生都有学号、姓名、性别、年龄等属性,可以归为学生类。类是对象的抽象,对象是类的具体化或实例化。学生类是一个抽象概念,代表所有学生的共性,一个学生对象是一个具体实例,代表某一个学生。

**3. 消息**

在面向对象程序设计方法中,先定义类再定义对象,在对象中存储数据,然后通过调用成员函数来实现数据处理功能,调用对象的成员函数相当于向该对象传送一个消息,要求该对象实现某一行为(完成相应的功能)。

## 8.1.2　面向对象程序设计的特点

面向对象程序设计有 4 个主要特点：抽象性、封装性、继承性和多态性。

**1. 抽象性**

在面向对象的程序设计方法中，先定义类，然后定义相应的对象，再通过对对象的操作来实现程序功能。定义类主要是规定出其属性和行为，而属性和行为是通过对同类对象的抽象分析得到的，这是抽象性的体现。

**2. 封装性**

通过对同类对象的抽象分析得到类后，对类的定义就是规定该类的属性和行为。所谓属性就是描述该类对象特征的若干变量，行为就是以函数形式能够对该类对象进行的操作。所有对该类对象的操作一般都需要通过调用已定义的行为函数（也称为方法）进行，相当于把数据封装在了类/对象内，外界不能直接对其进行操作，增强了程序的安全性和可靠性。

**3. 继承性**

处理不同的数据需要定义不同的类，学生信息管理需要定义学生类，教师信息管理需要定义教师类。如果要定义的新类的部分属性与行为和已有类的相同，可以不必重新定义新类，而是通过继承已有类的方式得到新类：和已有类相同的部分属性与行为从已有类中继承下来，再扩充定义新类额外需要的属性和行为即可，这样简化了新类的定义，增强了程序代码的可重用性，能够提高程序的开发效率。

**4. 多态性**

一般意义上说，多态是指一个事物有多种形态。在面向对象程序设计中，是指向不同的对象发送同一消息，不同的对象会以不同的行为回应这同一个消息，此时所谓的消息就是函数调用，函数重载和运算符重载体现的都是 Python 的多态性。

## 8.1.3　面向对象程序设计与面向过程程序设计的区别

面向对象程序设计与面向过程程序设计相比：面向对象程序设计中的数据操作更安全，增强了程序的安全性；代码重用性好，程序编写更高效。

**1. 数据操作更安全**

在面向过程的程序设计中，需要处理的数据存放在简单变量及组合类型变量中，编程人员可以直接编写程序代码对这些变量进行各种可能的运算与处理，这样出现错误处理和非法处理的机会就比较多，从而导致程序的安全性、可靠性比较弱。

在面向对象的程序设计中，需要处理的数据存放在各种对象中，编程人员对对象的操作不能直接进行，只能通过调用定义类时定义的行为函数（方法）进行，如果这些函数定义没有问题的话（这些函数可由高级专业编程人员精心设计并测试后提供给其他编程人员使用），那么编程人员通过调用这些函数进行的数据处理是安全可靠的，因此在这种机制下编写出的程序安全性、可靠性比较高。

下面以到图书馆借书为例说明两者在这一点的区别：

面向过程的程序设计相当于开架借书，读者可以进入各书库自行查找所需图书，在方便读者找到欲借图书的同时，也存在书被撕毁、放错位置等风险，此时的图书馆存在不安全和图书摆放混乱的隐患。

面向对象的程序设计相当于闭架借书，读者不能进入书库，把要借阅的图书信息填写在索书单上，由图书馆工作人员根据索书单进入书库代为查找，找到后把书交给读者并办理借阅手续。此时，规避了书被撕毁、放错位置的风险，这种管理模式下的图书馆的安全性和规范性都比较好。

**2. 代码重用性好**

面向过程是一种"就事论事"的解决问题的方法，程序中需要什么功能就编写实现该具体功能的程序代码，这种方法的代码重用性比较差，即使相似的功能也要重新编写程序代码，对于编写解决比较简单问题的小规模程序比较合适。而面向对象是一种针对某一类问题的"通用"的解决方法，有了通用的类定义和程序代码，再通过继承、多态等特性实现具体功能，由于具有代码重用等特性（通用的类定义和程序代码具有很好的重用性），比较适合大规模程序的开发。

例如，本科生包括学号、姓名、性别、年龄、专业、班主任等属性，硕士生包括学号、姓名、性别、年龄、专业、研究方向、导师等属性，虽然大部分相同，但并不完全相同。对于包括本科生和硕士生的学生管理程序的编写，两者的区别如下：

在面向过程的程序设计中，需要分别定义组合类型变量用于存放本科生数据和硕士生数据，分别编写程序代码实现对本科生数据和硕士生数据的插入、删除、修改、查询、统计、打印等管理功能，变量的定义与程序代码的编写都存在大量的重复性工作。

在面向对象的程序设计中，可以先定义一个学生基类，包括学号、姓名、性别、年龄、专业等本科生和硕士生的共有属性，行为函数能够实现对上述属性的插入、删除、修改、查询、统计、打印等管理功能。在这个学生基类的基础上，以继承的方式定义本科生类和硕士生类，在定义本科生类时，只需增加对特有属性——班主任的描述与处理，在定义硕士生类时，只需增加对特有属性——研究方向、导师的描述与处理，定义学生基类时的变量定义与程序代码得到重复使用，从而简化了程序编写，提高了程序开发效率。

# 8.2 类和对象

## 8.2.1 类与对象的定义

在面向对象的程序设计中，先定义类，再定义对象，通过对象实现对数据的处理。

定义类的语法格式如下：

```
class 类名：
    定义数据成员
    定义成员函数
```

定义一个类就是规定出该类的属性及行为，即该类所包含的数据以及对数据的操作，对数据的操作以函数（方法）的形式出现。一个类有两种成员：数据成员和函数成员，函数成员通常称为成员函数。数据成员类似于一般的变量定义，成员函数类似于一般的函数定义。

与一般变量和函数不同的是,数据成员和成员函数都有访问权限限制。

定义类,实际上是定义了一种新的数据类型。定义了类之后,还要定义相应的变量才能真正实现相关操作,和类对应的变量称为对象。

在定义了类之后,定义该类对象的语法格式如下:

**对象名=类名 (实参表)**

定义对象的目的是使用对象,通过对对象的访问实现相关操作和数据处理。除了可以对对象进行整体赋值外,对对象的访问一般是访问其成员。

访问对象成员的语法格式如下:

**对象名.成员名**

其中,圆点(.)是成员运算符,用于指定访问对象的某个成员。对象可访问的成员既包括数据成员(属性),也包括成员函数(方法)。

【例 8.1】　通过定义长方形类来计算长方形的面积。

```python
#P0801.py
class Rect:                              #定义名字为 Rect 的类
    def __init__(self,le,wi):            #定义构造函数
        self.__length=le                 #为数据成员赋初值
        self.__width=wi                  #为数据成员赋初值
    def disp(self):                      #定义显示信息的成员函数
        print("长度={}".format(self.__length))
        print("宽度={}".format(self.__width))
    def area(self):                      #定义计算面积的成员函数
        return self.__length * self.__width
rect1=Rect(8,5)                          #定义长方形对象
rect2=Rect(37.8,12.6)                    #定义长方形对象
rect1.disp()                             #访问成员函数,输出信息
print("面积={}".format(rect1.area()))    #访问成员函数,计算面积
rect2.disp()
print("面积={}".format(rect2.area()))
```

程序执行结果如下:

```
长度=8
宽度=5
面积=40
长度=37.8
宽度=12.6
面积=476.28
```

**说明:**

① 在 Rect 类中,包括 3 个成员函数,__init__()函数是一个特殊的成员函数,称为构造函数,其作用是为新创建的对象赋初值。该函数规定了类的数据成员,函数体中的变量名 __length 和 __width 就是类的数据成员,分别用于存放长方形的长度和宽度值。

② 函数 disp()和 area()是类的普通成员函数,其功能分别为显示数据成员的值和计算长方形的面积。由于 disp()函数的功能只是输出数据成员的值,所以函数体中没有 return 语句;而 area()函数的功能是计算长方形的面积,所以有 return 语句,用于把计算结果返回。

③ 类名一般用大写字母开头的标识符表示,不是强制规定,只是约定成俗的类名命名习惯。

### 8.2.2　构造函数与析构函数

在 Python 中,通过给变量赋值来定义变量。同样,通过给对象赋值来定义对象。定义对象时,要先为对象的各数据成员赋予适当的初值。为对象的数据成员赋初值由一个特定的成员函数来完成,这个成员函数称为构造函数。

构造函数与一般成员函数的区别是:构造函数的名字固定为__init__(字符的前后各有 2 个下画线),构造函数不需要显式调用,而是在定义对象时自动执行。

一般构造函数要带若干个参数。其中,第一个参数固定为 self(也可以用其他合法标识符,但 self 是习惯用法),代表当前对象;其他参数对应类的数据成员,其个数与需要在构造函数中赋初值的数据成员的个数一致,用于给数据成员赋初值。

除第一个参数外,构造函数的其他参数可以带默认值,新建对象时,如果没有给出实参值,就用默认值为相应的数据成员赋初值。

如果例 8.1 中构造函数的定义改为:

```
def __init__(self,le=1,wi=1):          #参数 le 和 wi 的默认值均设定为 1
    self.__length=le
    self.__width=wi
```

此时可有如下形式的对象定义:

```
rect3=Rect()                           #没有实参,用默认值,长和宽都为 1
rect4=Rect(9,6)                        #有实参,用实参值,长和宽分别为 9 和 6
```

在定义类时,还可以定义改变数据成员值(属性值)的函数,例如:

```
def setValue(self,le,wi):
    self.__length=le
    self.__width=wi
```

该函数与构造函数类似,但有不同的性质与作用:构造函数在定义对象时自动执行,用于给对象属性赋初值,不能显式调用;setValue()函数需要时可以显式调用,用于改变对象属性的值。

示例:

```
rect5=Rect(8,4)                        #创建对象时的长和宽分别为 8 和 4
print("面积={}".format(rect5.area()))
rect5.setValue(18,12)                  #改变对象的长和宽分别为 18 和 12
print("面积={}".format(rect5.area()))
```

和构造函数对应的还有一个析构函数,用于对象撤销时释放其所占用的内存空间。虽然说定义类时,构造函数和析构函数都可以不定义而用默认的构造函数和析构函数,但一般需要定义构造函数(用于为数据成员赋初值),可以不定义析构函数。

## 8.2.3　私有成员和公有成员

根据访问限制的不同,类中的成员分为公有成员、私有成员和受保护成员。顾名思义,私有成员在类内进行访问和操作,在类外不能直接访问;公有成员既可供类内访问,也可供类外访问;受保护成员,在所在类及派生类中可以直接访问,非派生类的类外不能直接访问。一般来说,数据成员定义为私有成员或受保护成员,成员函数定义为公有成员。即在类外(对于受保护成员,派生类除外)不能直接操作类内数据,需要通过类的公有成员函数来操作类内数据。

例如,不能直接修改对象的私有数据成员值,如果需要修改,则要通过公有的 setValue()函数进行,不能直接用数据成员计算对象(长方形)的面积,需要通过调用 area()函数来进行,由于成员函数可以由专门人员编写并要进行严格的测试,所以可以有效地避免对数据的错误操作。

在 Python 中,成员的公有和私有特性体现在命名上:

(1) 以 1 个下画线开头,受保护成员名,用于基类-派生类成员的命名,8.3 节将用到。

(2) 以 2 个下画线开头,并以 2 个下画线结束,特殊成员名,如构造函数名__init__。

(3) 以 2 个或多个下画线开头,不以 2 个或多个下画线结束,私有成员名,如__length 和__width 等。

(4) 其他符合命名规则的标识符,可以作为公有成员名。例如,area 和 disp 等。

在类外直接访问私有成员会报错。可以通过如下方式在类外直接访问私有成员:

**对象名.\_类名\_\_私有成员名**

这种访问方式违背了面向对象程序设计的特性(封装性),不是特殊需要尽量不要采用这种访问方式。在这种访问方式中,类名前是 1 个下画线,类名后是 2 个下画线。

示例:

```
rect1=Rect(8,7)                      #定义长方形对象
rect1.__length=26                    #直接访问私有成员,报错
rect1.__width=15                     #直接访问私有成员,报错
rect1.setValue(26,15)                #访问公有成员函数,正确
rect1.__length * rect1.__width       #直接访问私有成员,报错
rect1.area()                         #访问公有成员函数,正确
rect1.Rect__length * rect1.Rect__width   #访问私有成员,正确,但尽量不用
```

## 8.2.4　数据成员

类是对象的抽象,类有属性和行为。属性是特征描述数据,行为是对数据的操作。类有两种成员:数据成员和成员函数。数据成员分为属于类的成员和属于对象的成员,可以分别简称为类成员和对象成员。在类内但在各成员函数之外定义的数据成员称为类成员,对于类成员,各个对象共享同一段存储区域,可通过类名或对象名访问。在成员函数(包括构

造函数)内定义的变量称为对象成员,在类内,每个对象都有自己的对象成员,每个对象有各自的存储区域,各对象的同名对象成员独立存在,互不影响。对象成员只能通过对象名访问。

【**例 8.2**】 使用属于类的数据成员统计创建的对象个数。

```
#P0802.py
class Rect:
    __total=0                       #类成员
    def __init__(self,le,wi):
        self.__length=le            #对象成员
        self.__width=wi             #对象成员
        __total+=1
    def disp(self):
        print("长度={}".format(self.__length))
        print("宽度={}".format(self.__width))
    def area(self):
        return self.__length * self.__width
rect1=Rect(8,5)                     #创建对象 1
rect2=Rect(37.8,12.6)               #创建对象 2
rect3=Rect(9,6)                     #创建对象 3
Rect._Rect__total                   #通过类名访问类成员
rect1._Rect__total                  #通过对象名访问类成员
rect2._Rect__total                  #通过对象名访问类成员
rect1._Rect__length                 #通过对象名访问对象成员
rect2._Rect__length                 #通过对象名访问对象成员
Rect._Rect__length                  #通过类名访问对象成员,报错
```

程序运行结果如下:

```
3           (对象个数)
3           (对象个数)
3           (对象个数)
8           (对象 1 的长度值)
37.8        (对象 2 的长度值)
```

**说明**:与属于对象的数据成员相比,属于类的数据成员有许多特点,总结如下:

① 定义类时分配存储空间。属于对象的数据成员依附于对象,定义类时并不为其分配存储空间,只有在创建对象时才为属于对象的数据成员分配存储空间;而属于类的数据成员不依附于任何特定对象,为所有对象所共享,不是创建对象时才为属于类的数据成员分配存储空间,而是在定义类时就为属于类的数据成员分配存储空间,供各对象共享使用。

② 在程序运行期间一直存在。属于对象的数据成员,在创建对象时分配存储空间,对象撤销时则收回所分配的存储空间;而对于属于类的数据成员,定义类时分配存储空间,程序结束时才收回所分配的存储空间,在程序运行期间,属于类的数据成员一直存在。

③ 可以通过类名访问。属于对象的数据成员只能通过对象名访问;而属于类的数据成员既可以通过对象名访问,也可以通过类名访问。

## 8.2.5　成员函数

一般来说,类的数据成员要定义为私有成员或受保护成员,在类外,对数据的操作通过调用类的成员函数进行,以保证数据操作的安全性。成员函数也称为方法,一般定义为公有成员,作为类与外界的接口。

类的成员函数与一般函数的区别在于：成员函数必须至少有一个形参,名字一般为 self,当有多个形参时,self 放在第一个形参的位置。self 代表当前参与操作的对象。

示例：

```python
from math import sqrt
class Point:                                    #定义 Point 类
    def __init__(self,x,y):                     #定义构造函数
        self.__x=x                              #设定横坐标初值
        self.__y=y                              #设定纵坐标初值
    def disp(self):                             #定义显示信息的成员函数
        print("x=",__x)
        print("y=",__y)
    def distance(self):                         #定义计算到原点距离的成员函数
        return(sqrt(self.__x**2+self.y**2))
```

该段代码定义了一个 Point 类(二维坐标中的点),其中,__init__()、disp()和 distance()是成员函数,都带有表示当前对象的参数 self。

成员函数一般定义为公有成员。成员函数有对象函数(对象方法)、类函数(类方法)和静态函数(静态方法)之分。

直接定义的成员函数都是对象方法,既可以直接访问属于类的数据成员,也可以直接访问属于对象的数据成员。可以通过对象名访问,当用类名访问时,需要以对象名作为参数。

类方法和静态方法的定义要用到修饰器,类方法在修饰器@classmethod 之后定义,静态方法在修饰器@staticmethod 之后定义,也可以分别使用内置函数 classmethod()和 staticmethod()把一个普通函数转换为类方法和静态方法。

类方法和静态方法既可以通过类名调用,也可以通过对象名调用。类方法和静态方法只能访问属于类的数据成员。二者的区别在于：定义类方法时,至少要有一个名为 cls 的参数,表示该类自身;定义静态方法时,可以不带任何参数。

【例 8.3】　使用类方法和静态方法计算职工平均工资。

```python
#P0803.py
class Employee:                                 #定义 Employee 类
    __empSumSal=0                               #定义类数据成员
    __empSumEmp=0                               #定义类数据成员
    def __init__(self,num,name,salary):
        self.__empNum=num                       #对象成员赋值
        self.__empName=name
        self.__empSalary=salary
        Employee.__empSumSal+=self.__empSalary  #类成员赋值
```

```
        Employee.__empSumEmp+=1

    @ classmethod                                    #定义类方法
    def aveSal(cls):
        cls.__empAveSal=cls.__empSumSal//cls.__empSumEmp

    @ staticmethod                                   #定义静态方法
    def disp():
        print("工资总额=",Employee.__empSumSal)
        print("职工总数=",Employee.__empSumEmp)
        print("平均工资=",Employee.__empAveSal)
em1=Employee("1201","小张",6758)
em2=Employee("1208","小李",5879)
em3=Employee("1217","小王",8902)
Employee.aveSal()                                    #调用类方法
Employee.disp()                                      #调用静态方法
```

程序执行结果如下：

```
工资总额=21539
职工总数=3
平均工资=7179
```

**说明：**

① 定义数据成员（首次赋值）既可以在构造函数内进行，也可以在其他成员函数内进行，尽可能在构造函数内进行。此例的 empAveSal（平均工资）变量赋值如果放在构造函数中，每次创建一个新对象时都会进行一次计算，这样浪费时间，若单独放在一个函数中，需要时才进行计算，那么效率更高。

② 类方法函数体用 cls 代表类，静态方法没有参数代表类，要写出类名。

③ 给对象成员赋值与给类成员赋值是不同的，前者用代表当前对象的参数 self，后者用类名。

# 8.3  继承与多态

## 8.3.1  继承与派生

在传统的面向过程的程序设计方法中，即使要编写程序的功能和现有程序很相似，只要不是完全相同，也需要重新编写程序代码，现有程序的代码不能直接用于新程序的编写，能用的只是现有程序的分析设计思路，所以程序代码的重用性差，限制了程序开发的效率和质量。在面向对象的程序设计方法中，利用继承与派生机制，可以在继承已有类的基础上，派生出相似的新类，使得新类能够重用已有类的数据成员定义和成员函数定义，即能够重用已有程序代码来编写新的功能类似的程序，所以能够有效提高程序的开发效率，由于许多代码已经过现有程序的执行检验，因此也能够保证新开发程序的质量。

定义派生类的语法格式如下：

**class 派生类类名 (基类名) :**
　　**定义派生类新增数据成员**
　　**定义派生类新增成员函数**

【例 8.4】　使用继承方式计算长方体的体积，数据成员都定义为私有成员。

```
#P0804.py
class Rect:                                  #定义基类
    def __init__(self,le,wi):
        self.__length=le                     #私有成员
        self.__width=wi                      #私有成员
    def rectDisp(self):
        print("长度={}".format(self.__length))
        print("宽度={}".format(self.__width))
    def area(self):
        return self.__length * self.__width
class Cuboid(Rect):                          #定义派生类
    def __init__(self,le,wi,hi):
        Rect.__init__(self,le,wi)            #调用基类的构造函数
        self.__height=hi                     #定义新增数据成员
    def volume(self):                        #定义新增成员函数
        return self.area() * self.__height
    def cuboDisp(self):                      #定义新增成员函数
        self.rectDisp()
        print("高度={}".format(self.__height))
print("长方体 1 信息: ")
cubo1=Cuboid(8,2,6)                          #创建长方体对象
cubo1.cuboDisp()                             #显示对象的基本信息
print("体积={}".format(cubo1.volume()))      #计算体积并输出
print("长方体 2 信息: ")
cubo2=Cuboid(12,5,7)                         #创建长方体对象
cubo2.cuboDisp()                             #显示对象的基本信息
print("体积={}".format(cubo2.volume()))      #计算体积并输出
```

程序运行结果如下：

```
长方体 1 信息:
长度=8
宽度=2
高度=6
体积=96
长方体 2 信息:
长度=12
宽度=5
高度=7
```

体积=420

【例 8.5】 使用继承方式计算长方体的体积,数据成员都定义为受保护成员。

```python
#P0805.py
class Rect:                              #定义基类
    def __init__(self,le,wi):
        self._length=le                  #受保护成员
        self._width=wi                   #受保护成员
    def rectDisp(self):
        print("长度={}".format(self._length))
        print("宽度={}".format(self._width))
    def area(self):
            return self._length * self._width
class Cuboid(Rect):                      #定义派生类
    def __init__(self,le,wi,hi):
        Rect.__init__(self,le,wi)
        self._height=hi                  #派生类新增数据成员
    #定义派生类成员函数,可以直接访问基类中的受保护成员
    def volume(self):
        return self._length * self._width * self._height
    def cuboDisp(self):
        print("长度={}".format(self._length))
        print("宽度={}".format(self._width))
        print("高度={}".format(self._height))
print("长方体1信息: ")
cubo1=Cuboid(8,2,6)
cubo1.cuboDisp()
print("体积={}".format(cubo1.volume()))
print("长方体2信息: ")
cubo2=Cuboid(12,5,7)
cubo2.cuboDisp()
print("体积={}".format(cubo2.volume()))
```

程序执行结果与例 8.4 结果相同。

## 8.3.2 多态

在面向对象的程序设计中,多态是指基类的同一个成员函数(方法)在不同派生类中具有不同的表现和行为。各派生类从基类继承数据成员和成员函数后,可以对这些继承来的成员进行适当的改变,经过这样的改变后,从基类中继承的同名函数在各派生类中可能具有不同的行为(功能),不同的对象在调用这个函数名时,会执行不同的功能,产生不同的行为,使程序的编写简单、清晰。

这里所说的多态函数不是泛指一般的函数,而是特指基类中的函数及派生类中的函数。基类中的函数和派生类中的函数功能相似,但不完全相同,主要是函数的总体功能相同,但处理的数据不同,如两个函数都是显示数据,但基类中的函数只显示基类数据成员的值,而

派生类中的函数既显示基类数据成员的值,也显示派生中新增数据成员的值;这里不同的对象是指基类对象,还是派生类对象。

多态性是指基类、派生类范畴内的多态。基类中有某个功能的函数,派生类中也有某个功能的函数,多态性是体现在这些函数之间的。

Python 的多态主要体现在函数重载和运算符重载。

【例 8.6】　通过函数重载实现多态。

```python
#P0806.py
class Shape:                              #定义基类
    def area(self):                       #定义计算面积函数
        pass                              #空语句
    def volume(self):                     #定义计算体积函数
        pass                              #空语句
class Rect(Shape):                        #定义 Shape 的派生类
    def __init__(self,le,wi):
        self._length=le
        self._width=wi
    def area(self):                       #对基类中的计算面积函数进行重载
        return self._length * self._width
class Cuboid(Rect):                       #定义 Shape 的派生类的派生类
    def __init__(self,le,wi,hi):
        Rect.__init__(self,le,wi)
        self._height=hi
    def volume(self):                     #对基类中的计算体积函数进行重载
        return self.area() * self._height
class Circle(Shape):                      #定义 Shape 的派生类
    def __init__(self,ra):
        self._radius=ra
    def area(self):                       #对基类中的计算面积函数进行重载
        return 3.14 * self._radius * self._radius
class Cylinder(Circle):                   #定义 Shape 的派生类的派生类
    def __init__(self,ra,hi):
        Circle.__init__(self,ra)
        self._height=hi
    def volume(self):                     #对基类中的计算体积函数进行重载
        return self.area() * self._height
rect1=Rect(2,3)
print("长方形面积={}".format(rect1.area()))
cubo1=Cuboid(2,3,6)
print("长方体体积={}".format(cubo1.volume()))
circ1=Circle(2.6)
print("圆形面积={:.3f}".format(circ1.area()))
cyli1=Cylinder(2.6,4.5)
print("圆柱体体积={:.3f}".format(cyli1.volume()))
```

程序执行结果如下：

```
长方形面积=6
长方体体积=36
圆形面积=21.226
圆柱体体积=95.519
```

**说明**：pass 是 Python 的一个关键字，其作用相当于空语句，即什么也不做，只是占用一个语句的位置。本例中使用 pass 作为基类中 area() 函数和 volume() 函数的函数体，在各派生类中再具体定义其功能（函数重载），不同对象调用同一函数后实现不同的功能，如 Rect 对象调用 area() 完成的是计算长方形面积的功能，Circle 对象调用 area() 函数完成的是计算圆面积的功能，实现了多态。

**【例 8.7】** 通过运算符重载实现多态。

```
#P0807.py
class ItemSales:                              #定义产品销售类
    def __init__(self, nu,un,gr):
        self.__itemNum=nu                     #产品代码
        self.__itemUnits=un                   #销售数量
        self.__itemGrass=gr                   #销售金额
    def disp(self):
        print("产品代码=",self.__itemNum)
        print("销售数量=",self.__itemUnits)
        print("销售金额=",self.__itemGrass)
    def __add__(self,obj):                    #重载加法运算符(+)
        #一条语句写在多行,要在断开处加写斜杠(\),表示语句还没结束
        return ItemSales(self.__itemNum,\
                        self.__itemUnits+obj.__itemUnits,\
                        self.__itemGrass+obj.__itemGrass)

item1=ItemSales("TC01",20,600)
item2=ItemSales("TC01",30,900)
item3=item1+item2
item3.disp()
```

程序执行结果如下：

```
产品代码=TC01
销售数量=50
销售金额=1500
```

**说明**：所谓运算符重载就是在不改变运算符现有功能的基础上，为运算符增加与现有功能类似的新功能，即扩充运算符的功能。例如，对加法运算符（＋）重载，就是在保持其整型、浮点型等数据加法功能的基础上，增加其实现两个自定义类型数据（如类对象等）相加的功能。在面向过程的程序设计中，主要是对各种基本类型的变量进行处理，现有运算符的功能基本上能够满足编写程序的需要。在面向对象的程序设计中，主要是对各种对象进行处

理,而各运算符的现有功能是不支持对象运算的,从而限制了对象运算功能的实现,通过对现有运算符重载,使其不仅可以完成基本类型数据的计算,也能够实现对象间的计算,这将会给面向对象的程序设计带来很大的方便。本例中通过对运算符重载实现了对象的直接相加。

习　题　8

1. 对照面向过程程序设计,说明面向对象程序设计的优点。

2. 定义一个三角形类 Triangle,由键盘输入三角形的边长,设计成员函数实现计算三角形面积和周长的功能。

3. 定义学生类 Student,数据成员包括学号、姓名、年龄和 3 门课程的成绩,设计成员函数计算每个学生的平均成绩和最高分。

4. 在已定义三角形类 Triangle 的基础上,定义其派生类三棱锥类 Pyramid,并增加数据成员——三棱锥的高度以及成员函数,计算三棱锥的体积。

5. 在已定义学生类 Student 的基础上,通过运算符重载实现两个学生对象的直接相加,加法的功能为学号、姓名、年龄与第一个对象相同,三门课程的成绩分别对应相加。

# 第9章 Python 高级编程

由于有大量的标准库和第三方库的支持,相对于其他语言,Python 在解决各领域的实际问题方面具有很大的优势,是一种更容易达到"学得会,用得上"目标的程序设计语言,这也是 Python 得到用户青睐并得以广泛应用的主要原因。本章以网站开发、数据库编程、网页爬取、数据可视化等领域为例,介绍 Python 在解决实际问题时的基本原理和步骤,以及对标准库和第三方库的使用方法。进一步展示综合编程技能和基于计算机技术的复杂问题的求解方法。

## 9.1 网站开发

万维网(world wide web,WWW)是互联网最重要、最广泛的应用之一,人们从互联网获取的信息大多来源于 WWW。使用 Python 可以方便地开发 Web 网络站点。不论是创建一个简单的个人展示 Web 网站,还是功能完善的商业 Web 网站,都可以使用 Python 开发完成。国内知名的豆瓣网和知乎网后台都使用了 Python 程序设计语言。

### 9.1.1 Web 服务和 HTML

在 Web 应用中,用户使用浏览器向 Web 服务器发送 Web 服务请求,Web 服务器分析用户请求,然后将相应结果以 HTML 文件的形式发送给用户的浏览器,用户浏览器解析该 HTML 内容并显示。Web 服务请求和响应过程如图 9.1 所示。

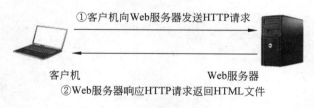

①客户机向Web服务器发送HTTP请求

客户机　　　　　　　　　Web服务器

②Web服务器响应HTTP请求返回HTML文件

**图 9.1　Web 服务请求和响应**

**1. HTTP 请求**

浏览器向 Web 服务器发送请求时,使用的是超文本传输协议(hypertext transfer protocol,HTTP)。HTTP 是网络上传输超文本标记语言(hypertext markup language,HTML)数据的协议,用于浏览器和 Web 服务器的数据通信。

**2. Web 服务**

Web 服务由 Web 服务器提供,用来接收来自用户浏览器的 HTTP 请求,并分析用户的请求,进行适当的响应。用户浏览器向 Web 服务器请求的内容一般分为静态内容和动态内容。

1）静态内容

如果用户的请求是存在于 Web 服务器上的 HTML 文件、图像、视频等内容，Web 服务器只须找到这些资源，并把它们作为响应数据发送给用户浏览器即可。

这些资源已经存在于 Web 服务器上，Web 服务器的工作只是将这些资源作为响应返回。因此，把这些资源称为静态内容。HTML 网页文件也称为静态网页，这些静态 HTML 网页文件的扩展名一般为.html 或.htm。

2）动态内容

如果用户的请求需要 Web 服务器根据请求动态生成，把这种根据用户请求生成的内容称为动态内容。为了完成这样的功能，Web 服务器端会运行一个程序用来分析用户需求并据此响应用户的请求。这样的网页一般称为动态网页，其内部通过程序代码实现需要的功能。本节中，将会使用 Python 开启具有该功能的 Web 服务程序，并学习使用 Python 书写动态网页以响应用户的请求。

**3. HTML**

不论 Web 服务器对于用户的响应是静态内容还是动态内容，返回给用户浏览器的结果均是 HTML 类文件。用户浏览器再去解析该 HTML 文件，并获取图像、视频等内容后以合适的方式显示出来。

HTML 是应用于万维网上的一种信息描述语言，用来描述网页的格式以及与其他网页的链接关系。

HTML 语言类似于排版语言，在需要描述或显示特定内容的地方，放上特定的标签（也称为标记），标签用于告诉浏览器如何显示指定的内容或承担其他的功能。标签置于一对尖括号（<>）内。例如，标签<head>和</head>用来描述 HTML 文件的头部信息。

示例：

```
#index.html
<html>
<head>
<meta charset="utf-8">
<title>Hello,Python and WWW</title>
</head>
<body>
<h1>Hello, Python and WWW.</h1>
<img src="pyweb.jpg">
</body>
</html>
```

将上述内容保存成名为 index.html 的 HTML 文件，在浏览器中显示这个网页文件时，浏览器会解析 HTML 代码，将代码中的<title>标签内的内容显示在网页标题栏，<body>标签中的<h1>标签内容"Hello, Python and WWW."显示为一号标题字，将<img>标签中的 pyweb.jpg 文件作为图片在页面中显示出来。页面显示如图 9.2 所示。

图 9.2　HTML 文件在浏览器中的显示效果

## 9.1.2　使用 Python 开发网站

本节使用 Python 内置库启动 Web 服务，并用来解析使用 Python 语言编写的服务器端程序（脚本），为用户提供动态 Web 内容。

**1. 运行 Web 服务**

首先在计算机的外存上（以 Windows 为例）建立一个名为 wwwroot 的文件夹，并在该文件夹下建立两个子文件夹 cgi-bin 和 templates，如图 9.3 所示。

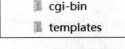

说明：顶层文件夹是网站的根文件夹，可以使用不同于 wwwroot 的名字，但子文件夹 cgi-bin 的名字不能改变，用于存放 Python 代码，供 Web 服务调用执行。

图 9.3　网站目录结构

Python 内置了 Web 服务器功能，通过 http. server 库模块提供。将 9.1.1 节编写的 index. html 文件放置在 wwwroot 文件夹下，并在该文件夹下新建一个 Python 文件 webserver. py。

```
#webserver.py
from http.server import HTTPServer, CGIHTTPRequestHandler
port=8081
httpd=HTTPServer(('',port), CGIHTTPRequestHandler)
print('Web 服务器已启动,端口为：{}'.format(httpd.server_port))
httpd.serve_forever()
```

各行代码的功能简要介绍如下：

```
from http.server import HTTPServer, CGIHTTPRequestHandler
```

用于引入 Python 内置 Web 服务器库 http. server 中的 HTTPServer 和

CGIHTTPRequestHandler 类,从而为开启 Web 服务和解析 Python 脚本做好基础设置。

```
port=8081
```

设置 Web 服务器启动的端口号为 8081。

```
httpd=HTTPServer(('',port), CGIHTTPRequestHandler)
```

创建一个 HTTP Web 服务器实例,函数 HTTPServer() 的第 1 个参数('',port)是一个元组型数据。该元组的第 1 个元素"'"是一个空字符串,表示 Web 服务器启动后,本机的所有 IP 地址都接收 Web 服务请求;第 2 个元素 port 即服务开放的 Web 服务端口号,其值为8081,用户也可以根据实际情况设置为计算机中其他空闲的端口号,如 8000、8080 等。这条语句执行后,对于本机自己访问自己的 Web 服务,可以使用的 Web 服务器地址为:http://localhost:8081/。

```
print('Web 服务器已启动,端口为:{}'.format(httpd.server_port))
```

在显示器上输出文字"Web 服务器已启动,端口为:8081"。httpd 是上一条语句创建的HTTP Web 服务器实例,其属性 server_port 值是该 Web 服务开启的端口号,即 8081,与port 变量的值一致。

```
httpd.serve_forever()
```

开启 Web 服务,并进入等待用户请求状态。

进入 Windows 的命令行界面,并将当前目录设置为 wwwroot,输入命令 pythonwebserver.py 后按 Enter 键,运行 webserver.py 程序,开启 Web 服务,如图 9.4 所示。

图 9.4　开启 Web 服务

打开本机任意一个浏览器,在地址栏中输入网址 http://localhost:8081/,即可在浏览器中看到网页 index.html 已被服务器正确响应并得到浏览器正确解析,页面显示如图 9.5所示。在访问 Web 网站时,如果不直接在网址中写明访问的是哪个具体的网页文件,Web网站通常会默认访问指定路径下名为 index.html 的网页文件。

观察启动 Web 服务器的命令行窗口,可以看到有两条记录,表明了服务器对于用户HTTP 请求的响应,如图 9.6 所示。从图中可以看到,Web 服务器响应时的 IP 地址为 127.0.0.1。访问本机 Web 服务使用 localhost 作为 URL 地址时,Windows 会自动地将其映射为 127.0.0.1。

Web 服务器启动后,用户可以通过输入网址 http://localhost:8081 的方式访问 Web 服务。但是,现在的 Web 服务响应是静态的 HTML 页面 index.html,其内容不会随着不同的用户或不同的请求而发生改变。

下面几节将介绍如何通过 Python 脚本,让 Web 服务器提供动态内容,将当前的静态网

通过网址访问页面

图 9.5　通过 Web 服务访问网站

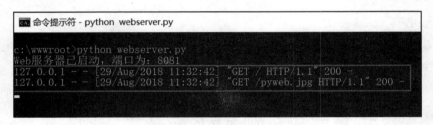

图 9.6　Web 服务响应请求

站改变成一个动态网站。

**2. CGI 和 Python 脚本**

动态网站的特点是，Web 服务器返回的网页内容可以随用户的不同请求而动态地生成。为了能够使网站具有动态功能，Web 服务器必须能够根据用户的请求，生成不同的内容。通用网关接口（common gateway interface，CGI）是因特网（Internet）中允许 Web 服务器运行的服务器端程序，也称为 CGI 脚本，网站的动态内容将由 CGI 提供。

在 9.1.1 节中，代码

```
from http.server import HTTPServer, CGIHTTPRequestHandler
httpd=HTTPServer(('',port), CGIHTTPRequestHandler)
```

中，CGIHTTPRequestHandler 的作用是，说明开启的 Web 服务器使用 http.server 库模块中的 CGIHTTPRequestHandler 来处理用户发来的动态 Python 脚本的请求。

CGI 脚本需要放置在服务器根文件夹下的 cgi-bin 特定文件夹内，用于保证启动的 Web 服务器能够正确地执行对应的 Python 脚本，并返回正确地响应结果。

为了测试 Web 服务器可以正确地解析 Python 脚本，编写如下名字为 demopage.py 的文件：

```
#demopage.py
s_webpage='''
<html>
<head>
<title>Web Page Demo by Python</title>
</head>
<body>
<h3>Hello,Web world with Python.</h3>
</body>
</html>
'''
print(s_webpage)
```

这段 Python 代码首先定义了一个变量 s_webpage，并为其赋值一个字符串，该字符串作为 HTML 功能是显示一个网页页面。print(s_webpage)语句将变量 s_webpage 的值输出。由于该 Python 文件放置在网站根文件夹 wwwroot 下的 cgi-bin 文件夹内，当使用浏览器请求该文件时，Web 服务器 CGI 将使用 Python 解析该文件，并将 print 语句输出的字符串作为网站响应 HTML 文件发送给请求的浏览器。

接下来，修改 wwwroot 文件夹下的 index.html 文件，在</h1>标签和<img>标签间插入一行 HTML 代码（新插入的代码加粗显示）：

```
<body>
<h1>Hello, Python and WWW.</h1>
<p><a href="cgi-bin/demopage.py">单击此处链接到 demopage.py</a></p>
<img src="pyweb.jpg">
</body>
```

新插入的代码用于在网页中显示一个超链接，单击此超链接时将会打开 cgi-bin 文件夹内的 demopage.py 文件。

以上两个文件新建或修改完成并保存后，重新访问网址 http://localhost:8081/，或刷新该页面，可以看到页面中多了一个超链接，如图 9.7 所示。

图 9.7　增加了超链接的网页

单击该超链接,网页将转向网址 http://localhost:8081/cgi-bin/demopage.py,可以看到,变量 s_webpage 中的 HTML 代码,在浏览器中已得到正确的解析和执行。页面显示如图 9.8 所示。

**图 9.8  Web 服务器响应 demopage.py 脚本**

切换到启动 Web 服务器的命令行窗口,可以看到服务器在 Python 环境下执行了 Python 文件 demopage.py,并通过 CGI 将其正确地返回给浏览器,如图 9.9 所示。

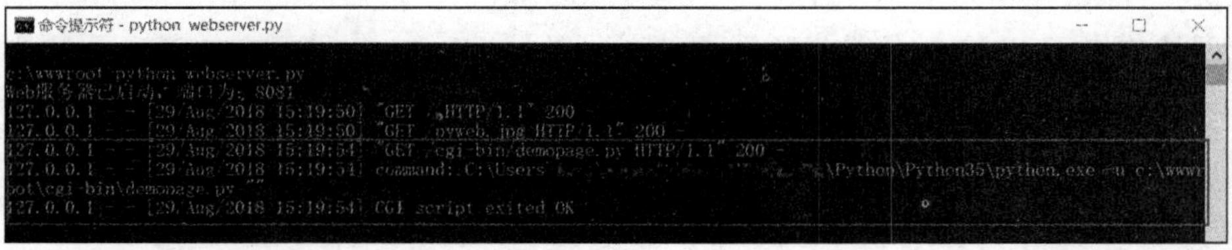

**图 9.9  CGI Python 脚本得到解析**

至此,已完成 Web 服务器解析 CGI Python 脚本的功能,下面将使用 Python 脚本完成更多动态内容。

### 3. 表单数据

动态网站的特点在于可以根据用户的不同请求,执行不同的操作,并返回不同的 HTML 页面。前面创建的 Web 服务器借助 CGI 可以解析 Python 脚本,具有了动态网站功能。本节将通过创建包含 HTML 表单的网页与 Web 服务器进行交互。

1) 创建 HTML 表单

网页中的文本框、密码框、按钮等元素一般称为 HTML 表单元素,为了能将表单元素中的数据发送至 Web 服务器用于数据处理,一般需要将表单元素置于 HTML 表单(form)中。下面的 HTML 代码用于创建包含 3 个表单元素(一个文本框、一个密码框和一个提交按钮)的表单,当单击"登录"按钮时,这些表单元素数据将会提交至服务器的 cgi-bin/process.py 脚本进行处理。

```
#login.html
<html>
<head>
<meta charset="utf-8">
<title>Login</title>
</head>
<body>
<h1>输入用户名和密码,单击登录</h1>
```

```
<form action="cgi-bin/process.py" method="POST">
用户名：<input type="text" name="u_name" size=40 /><br />
密码：<input type="password" name="u_psw" size=40 /><br />
<input type="submit" value="登录" />
</form>
</body>
</html>
```

将该文件保存在 wwwroot 根文件夹下，文件名为 login.html，使用网址 http://localhost：8081/login.html 访问时，页面显示如图 9.10 所示。

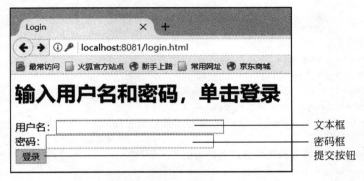

**图 9.10　HTML 表单网页**

对 login.html 文件中的主要代码简要解释如下：

```
<input type="text" name="u_name" size=40 />
```

用于在网页中显示一个名称为 u_name、长度为 40 个字符的表单元素——文本框。用于接收用户的输入，用户输入的信息显示在文本框内。

```
<input type="text" name="u_psw" size=40 />
```

用于在网页中显示一个名称为 u_psw、长度为 40 字符的表单元素——密码输入框。在密码框内输入的任何字符都显示为星号或圆点，以保密形式接收用户输入的密码。

```
<input type="submit" value="登录" />
```

用于在网页中显示一个表单元素——"登录"按钮。

```
<form action="cgi-bin/process.py" method="POST">
...
</form>
```

这是 HTML 网页中的表单内容，其他需要把数据提交到服务器的表单元素都应置于<form>和</form>标签内。此表单标签中的 action 参数描述了单击表单中的提交按钮时，把表单和其中各元素的数据发送到服务器的哪个文件进行处理，此处是 cgi-bin 文件夹下的 process.py 文件；表单标签中参数 method 的值 POST 用于说明表单数据向服务器的提交方式，如果表单提交的是非敏感数据，method 参数也可以使用 GET 值。

2）服务器脚本响应表单数据

在 wwwroot\cgi-bin 文件夹下建立一个名称为 process.py 的文件。

```
#process.py
s_header='''
<html>
<head>
<title>Web Page Demo by Python</title>
</head>
<body>
'''
s_footer='''
</body>
</html>
'''
import cgi
form=cgi.FieldStorage()
user_name=form['u_name'].value
user_psw=form['u_psw'].value
if user_name=='admin' and user_psw=='123456':
    s_body='<p>用户 '+user_name+',你好。你已成功登录。</p>'
else:
    s_body='<p>你输入的用户名或密码错误。</p>'
s_page=s_header+s_body+s_footer
print(s_page)
```

这段代码用于响应 login.html 文件提交过来的表单数据,进行简单判断,并返回浏览器不同的 HTML 文件。代码中认为正确的用户名和密码分别为 admin 和 123456,如果用户输入正确,单击"登录"按钮后,网页上显示登录成功,否则提示输入的用户名或密码错误,如图 9.11 所示。

(a) 输入正确的用户名和密码

(b) 登录成功

(c) 输入错误的用户名或密码

(d) 提示用户或密码错误

**图 9.11　服务器响应表单数据**

对该段 Python 代码简要解释如下：

字符串变量 s_header 和 s_footer 分别是构造的 HTML 网页代码的上半部分和下半部分。s_header 的内容从标签＜html＞开始到标签＜body＞结束，s_footer 的内容从标签＜/body＞开始到标签＜/html＞结束。标签＜body＞和＜/body＞之间在网页中显示的内容，由 Python 代码根据用户提交的数据动态生成并存放在变量 s_body 中。

```
import cgi
```

用于引入 Python 内置库模块 cgi。

```
form=cgi.FieldStorage()
```

使用 cgi 的 FieldStorage() 方法，获得 login.html 等网页中提交至当前 Python 文件的表单中的各表单元素的名称和值，并存入实例对象 form。

```
user_name=form['u_name'].value
user_psw=form['u_psw'].value
```

用于获取表单元素 u_name 和 u_psw 中用户填写的数据，并分别存入变量 user_name 和 user_psw 中。

```
if user_name=='admin' and user_psw=='123456':
    s_body='<p>用户 '+user_name+',你好。你已成功登录。</p>'
else:
    s_body='<p>你输入的用户名或密码错误。</p>'
```

用于判断用户输入的用户名和密码是否分别是 admin 和 123456。如果是，则把字符串"＜p＞用户 admin，你好。你已成功登录。＜/p＞"赋值给变量 s_body；否则，s_body 的值为字符串"＜p＞你输入的用户名或密码错误。＜/p＞"。

```
s_page=s_header+s_body+s_footer
```

将变量 s_header、s_body 和 s_footer 的值依次连接组合后赋值给变量 s_page。

```
print(s_page)
```

输出变量 s_page 的内容，即 Web 服务器返回给请求端浏览器的 HTML 内容。

如果用户输入正确的用户名 admin 和密码 123456，则 Web 服务器返回的 s_page 中的 HTML 内容如下：

```
<html>
<head>
<title>Web Page Demo by Python</title>
</head>
<body>
<p>用户 admin,你好。你已成功登录。</p>
</body>
</html>
```

否则，返回的 s_page 中的 HTML 内容如下：

```
<html>
<head>
<title>Web Page Demo by Python</title>
</head>
<body>
<p>你输入的用户名或密码错误。</p>
</body>
</html>
```

从上面示例可以看出，Web 服务器通过 CGI Python 脚本根据用户的不同请求，得到了不同的返回结果，实现了网站的动态效果。

### 4. 使用 MVC 模式开发网站

前面介绍网页制作时，没有过多地考虑页面格式和数据显示等问题，在实际开发网站时，一般会采用模型-视图-控制器模式（model-view-controller，MVC）。

（1）模型（model）：用于封装与应用程序的业务逻辑相关的数据，以及对数据的处理方法。在 Web 设计中，模型用于存储 Web 应用数据。

（2）视图（view）：能够实现数据有目的的显示。在 Web 设计中，视图用于处理 Web 应用用户显示界面。

（3）控制器（controller）：起到不同层面间的组织作用，用于控制应用程序的流程。在 Web 设计中，控制器用于完成 Web 应用的业务逻辑，并进行模型和视图的关联。

本节使用 MVC 模式，开发一个简单的关于物理 3 班成绩的 Web 网站，用于显示、增加、修改和删除物理 3 班的成绩。

1）网站架构

将网站文件夹设计成如图 9.12 所示的结构。

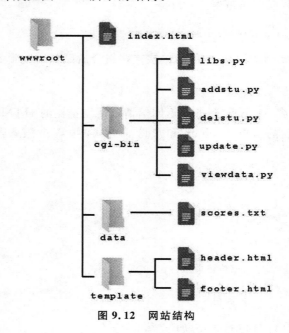

图 9.12 网站结构

2）各文件的功能

（1）网站首页文件

网站首页文件（index. html）主要提供导航到"浏览班级成绩"的超链接，链接地址为 cgi-bin/viewdata. py。

```
#index.html
<html>
<head>
<meta http-equiv="content-type" content="text/html;charset=utf-8">
<title>欢迎</title>
</head>
<body>
<h3>欢迎来到物理 3 班的成绩查询、修改页面。</h3>
<h3>单击下方链接,进入成绩查询浏览页面</h3>
<p><a href='cgi-bin/viewdata.py'>浏览班级成绩</a></p>
</body>
</html>
```

其中的 meta 标记代码如下：

```
<meta http-equiv="content-type" content="text/html;charset=utf-8">
```

用于通知浏览器本网页应使用 utf-8 编码模式解析。

（2）成绩文件

成绩文件（scores. txt）位于 data 文件夹内，内容如下：

```
姓名,计算机
张三,98
李斯,89
王英,96
胡颖,78
冯志,85
```

此文件内容为物理 3 班的初始数据内容，姓名和计算机成绩使用西文逗号分隔。

（3）网页模板文件

网页模板文件（header. html 和 footer. html）位于 template 文件夹内，其作用是提供网页 HTML 代码的头部和底部内容。

```
#header.html
<html>
<head>
<meta http-equiv="content-type" content="text/html;charset=utf8">
<title>$ title</title>
</head>
<body>
<h2>功能: $ title</h2>
```

```
#footer.html
<p>$urls</p>
</body>
</html>
```

由上面两个文件的代码可以看出，header.html 和 footer.html 内容按顺序合并后是一个完整的包含<html><head></head><body></body></html>等标记的 HTML 文件。其中，$title 和 $urls 是模板占位符，程序可以根据需要将其替换为实际的文字，实现网页中标题和超链接的动态显示。

（4）业务逻辑处理文件

业务逻辑处理文件（libs.py）的代码及其相应的功能注释如下：

```
#libs.py
#引入 string 库中的 Template 模块，用于模板字符串替换
from string import Template
#get_header()函数用于读取模板文件 header.html 的内容，
#并用参数 title_txt(字符串数据)替换模板文件中的$title
def get_header(title_txt):
    with open('template/header.html', 'r', encoding='utf-8') as f:
        txt=f.read()
    txt=Template(txt)            #将字符串 txt 转换为 Template 类型对象
    #substitute()的作用是将 txt 中的 $title 替换为变量 title_txt 的值
    #并返回 txt 中的整个字符串数据
    return txt.substitute(title=title_txt)
#get_footer()函数的功能与 get_header()类似，参数 urls 为字典型数据
def get_footer(urls):
    with open('template/footer.html', 'r', encoding='utf-8') as f:
        txt=f.read()
    txt_links=' | '
    #for 循环用于按 urls 内数据个数生成响应的超链接标签
    for name, url in urls.items():
        txt_links=txt_links+'<a href="'+url+'">'+name+'</a>|'
    txt=Template(txt)
    return txt.substitute(urls=txt_links)
#show_data()函数的参数为文件名，用于读取成绩数据文件
#并将其置于<table></table>表格标签中
#<tr></tr>为表格中行标签，<td></td>为行标签中的单元格标签
def show_data(filename):
    txt_table='<table border="1" cellpadding="10" width="200px">'
    with open(filename, 'r', encoding='utf-8') as f:
        for line in f:
            data=line.split(',')
            txt_table+='<tr>'
            for item in data:
                txt_table=txt_table+'<td align="center">'+item+'</td>'
```

```
            txt_table+='</tr>'
        txt_table+='</table>'
        return txt_table
#start_form()用于产生网页表单前半部分
#并将表单提交地址设置为参数 act_url 的值
def start_form(act_url):
    txt_form='<form action="'+act_url+'" method="POST">'
    return txt_form
#form_inputboxs()的参数 data 为字典类型,其功能是将 data 的数据设置为
#文本框的提示文字和 name 属性,"键"为提示文字,"值"为 name 属性
def form_inputboxs(data):
    txt='<p>'
    for name, text in data.items():
        txt=txt+text+':<input type="text" name="'+name+'" size=20 /><br />'
    txt=txt+'</p>'
    return txt
#end_form()用于产生表单后半部分,并提供一个提交按钮,该按钮的显示文字
#由参数 txt 决定,txt 的默认值为"提交"
def end_form(txt='提交'):
    txt_form='<input type="submit" value="'+txt+'"><hr width="250px"\
                align="left" /></form>'
    return txt_form
#para()用于为数据的字符串 txt 增加 html 段落标签<p>和</p>
def para(txt):
    return '<p>'+txt+'</p>'
#add_stu_score()用于将学生姓名(stuname)和学生分数(stuscore)值
#追加到 filename 提供的文件中
def add_stu_score(filename, stuname, stuscore):
    with open(filename, 'a+', encoding='utf-8') as f:
        f.write(stuname+','+stuscore+'\n')
#del_stu()用于将学生姓名和成绩值从 filename 提供的文件中删除
def del_stu(filename,stuname):
    stu_dict={}
    with open(filename, 'r', encoding='utf-8') as f:
        for item in f:
            name, score=item.strip().split(',')
            stu_dict[name]=score
    if stu_dict.get(stuname)!=None:
        stu_dict.pop(stuname)
    with open(filename, 'w', encoding='utf-8') as f:
        for name, score in stu_dict.items():
            f.write(name+','+score+'\n')
#update_stu()用于更新 filename 中的学生姓名和成绩
def update_stu(filename, stuname, stuscore):
    stu_dict={}
```

```
        with open(filename, 'r', encoding='utf-8') as f:
            for item in f:
                name, score=item.strip().split(',')
                stu_dict[name]=score
        if stu_dict.get(stuname)! =None:
            stu_dict[stuname]=stuscore
        with open(filename, 'w', encoding='utf-8') as f:
            for name, score in stu_dict.items():
                f.write(name+','+score+'\n')
```

（5）显示成绩文件

显示成绩文件（viewdata. py）用于显示班级成绩，并提供成绩的增加、修改和删除功能。网站主页文件（index. html）链接的文件就是该文件。

```
#viewdata.py
import libs                          #引入业务逻辑处理库 libs
#引入 codecs.sys 库和下一条语句,用于保证浏览器按 utf-8 编码显示文本
import codecs,sys
sys.stdout=codecs.getwriter('utf8')(sys.stdout.buffer)
#获取模板 header.html 内容并将 $title 替换为文字"数据查询"
header=libs.get_header('数据查询')
#使用 scores.txt 内容产生数据表
table=libs.show_data('data\\scores.txt')
urls={'返回首页':'../index.html'}    #设置 urls 字典的值
#获取模板 footer.html 内容,并将 $url 替换为 urls 字典生成的超级链接标签
footer=libs.get_footer(urls)
#以下 5 行代码用于生成增加学生成绩的表单 HTML 代码
start_add_form=libs.start_form('addstu.py')
add_text=libs.para('增加学生成绩')
add_items=libs.form_inputboxs({'u_name':'姓名', 'u_score':'成绩'})
end_add_form=libs.end_form('增加')
txt_add=start_add_form+add_text+add_items+end_add_form
#以下 5 行代码用于生成修改学生成绩的 HTML 代码
start_update_form=libs.start_form('update.py')
update_text=libs.para('修改学生成绩')
update_items=libs.form_inputboxs({'u_name':'姓名', 'u_score':'成绩'})
end_update_form=libs.end_form('修改')
txt_update=start_update_form+update_text+update_items+end_update_form
#以下 5 行代码用于生成删除学生记录的 HTML 代码
start_del_form=libs.start_form('delstu.py')
del_text=libs.para('删除学生记录')
del_items=libs.form_inputboxs({'u_name':'姓名'})
end_del_form=libs.end_form('删除')
txt_del=start_del_form+del_text+del_items+end_del_form
#以下代码用于将如上 HTML 代码组合并输出至浏览器
print(header+table+txt_add+txt_update+txt_del+footer)
```

以上代码执行后，print()中的字符串内容如下：

```
<html>
<head>
<meta http-equiv="content-type" content="text/html;charset=utf8">
<title>数据查询</title>
</head>
<body>
<h2>功能：数据查询</h2>
<table border="1" cellpadding="10" width="200px"><tr>
<td align="center">姓名</td><td align="center">计算机</td>
</tr><tr><td align="center">张三</td><td align="center">98
</td></tr><tr><td align="center">李斯</td><td align="center">89
</td></tr><tr><td align="center">王英</td><td align="center">96
</td></tr><tr><td align="center">胡颖</td><td align="center">78
</td></tr><tr><td align="center">冯志</td><td align="center">85
</td></tr></table>
<form action="addstu.py" method="POST"><p>
增加学生成绩</p><p>姓名:<input type="text" name="u_name" size=20 />
<br />
成绩:<input type="text" name="u_score" size=20 /><br /></p>
<input type="submit" value="增加"><hr width="250px" align="left" />
</form>
<form action="update.py" method="POST"><p>
修改学生成绩</p><p>姓名:<input type="text" name="u_name" size=20 />
<br />
成绩:<input type="text" name="u_score" size=20 /><br /></p>
<input type="submit" value="修改"><hr width="250px" align="left" />
</form>
<form action="delstu.py" method="POST"><p>删除学生记录</p>
<p>姓名：<input type="text" name="u_name" size=20 /><br /></p>
<input type="submit" value="删除"><hr width="250px" align="left" />
</form>
<p>|<a href="../index.html">返回首页</a>|</p>
</body></html>
```

在浏览器中的页面显示如图 9.13 所示。由以上 HTML 代码可知，此页面中除了数据表格外，还有 3 个表单。"增加"按钮所在表单提交数据至文件 addstu. py，"修改"按钮所在表单提交数据至文件 update. py，"删除"按钮所在表单提交数据至文件 delstu. py。

（6）增加、修改和删除成绩文件

包括增加学生成绩文件（addstu. py）、修改学生成绩文件（update. py）和删除学生成绩文件（delstu. py）。

```
#addstu.py
```

```
import libs
import cgi
import codecs,sys
sys.stdout=codecs.getwriter('utf8')(sys.stdout.buffer)
#form_data 使用 cgi 库的 FieldStorage()方法获取表单提交来的数据
form_data=cgi.FieldStorage()
stu_name=form_data['u_name'].value          #获取表单元素 u_name 的数据
stu_score=form_data['u_score'].value        #获取表单元素 u_score 的数据
libs.add_stu_score('data\\scores.txt', stu_name,stu_score)
txt=libs.para('{},成绩{},已添加。'.format(stu_name, stu_score))
header=libs.get_header('增加数据')
urls={'首页':'../index.html','返回查询':'viewdata.py'}
footer=libs.get_footer(urls)
print(header +txt +footer)
```

**功能：数据查询**

| 姓名 | 计算机 |
|------|--------|
| 张三 | 98 |
| 李斯 | 89 |
| 王英 | 96 |
| 胡颖 | 78 |
| 冯志 | 85 |

增加学生成绩

姓名：[_____]
成绩：[_____]

[ 增加 ]

修改学生成绩

姓名：[_____]
成绩：[_____]

[ 修改 ]

删除学生记录

姓名：[_____]

[ 删除 ]

| 返回首页 |

**图 9.13　数据浏览页面**

　　在 viewdata.py 网页的"增加"按钮所在表单中，填写"姓名"和"成绩"文本框数据，单击"增加"按钮后，数据提交至此文件。在此文件中代码将表单元素数据读出并调用 libs.add_stu_score 函数将数据写入 scores.txt 文件中，并在生成的 HTML 代码中显示数据已添加，以及"首页"和"返回查询"超链接，页面显示如图 9.14 所示。

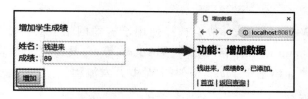

**图 9.14　从 viewdata.py 到 addstu.py**

```
#update.py
import libs
import cgi
import codecs,sys
sys.stdout=codecs.getwriter('utf8')(sys.stdout.buffer)
form_data=cgi.FieldStorage()
stu_name=form_data['u_name'].value
stu_score=form_data['u_score'].value
libs.update_stu('data\\scores.txt', stu_name,stu_score)
txt=libs.para('{},成绩{},已更新。'.format(stu_name, stu_score))
header=libs.get_header('更新数据')
urls={'首页':'../index.html','返回查询':'viewdata.py'}
footer=libs.get_footer(urls)
print(header+txt  +footer)

#delstu.py
import libs
import cgi
import codecs,sys
sys.stdout=codecs.getwriter('utf8')(sys.stdout.buffer)
form_data=cgi.FieldStorage()
stu_name=form_data['u_name'].value
libs.del_stu('data\\scores.txt', stu_name)
txt=libs.para('操作已完成。')
header=libs.get_header('删除数据')
urls={'首页':'../index.html','返回查询':'viewdata.py'}
footer=libs.get_footer(urls)
print(header +txt  +footer)
```

文件 update.py、delstu.py 实现方式和 addstu.py 基本相同,在此不再详述,请读者自行分析代码含义和运行结果。

## 9.1.3　使用 Web 框架开发网站

前面介绍的创建 Web 网站的方法,从概念上很好地解释了网站开发的原理和步骤,但这样的网站只能用于教学或个人临时使用。实际的 Web 网站,需要考虑的内容包括页面整体布局和修改、网站整体架构、后台数据的维护以及高访问负载等诸多方面的内容。前面的 Web 服务器无法满足真正的专业级需求。另外,任何时候都从零开始构建一个网站,也不是一个好的选择。

在开发专业的 Web 网站时,一般会选择使用已有的网站框架。使用 Python 语言构建的网站框架主要有 Django、Flask、Web2py、Tornado 等,各具特色。本节选择功能强大的轻量型 Flask 框架,简要介绍基于 Flask 框架的 Web 开发流程。

### 1. 安装 Flask 框架

使用 Flask 框架前,需要先安装 Flask 框架。在"以管理员身份运行"Windows 命令行界面输入并执行如下代码:

```
pip install flask
```

系统在安装 flask 库时,会自动安装 click、Jinja2、Werkzeug 等依赖库。Flask 库安装完成后,在 Python 的 Shell 窗口执行 import flask,如果能够正常引入 flask 库而不报错,表示安装成功,如图 9.15 所示;否则,表示安装不成功,需要重新安装。

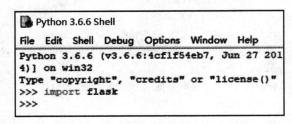

图 9.15　flask 库引入成功

### 2. 初始化并启动服务

使用 Flask 开发 Web 应用时,一般步骤为:①创建一个 Web 应用实例;②通过修饰器设置路由和视图函数;③启动服务。

1) 创建 Web 应用实例

Flask 的 Web 应用实例使用如下代码创建:

```
from flask import Flask
webapp=Flask(__name__)          #由 Flask 创建 Web 应用实例 webapp
```

2) 设置路由和视图函数

当用户使用浏览器访问 Web 服务器时,Web 服务器会将请求发送给 Flask 的 Web 应用实例。Web 应用实例需要将浏览器的不同 URL 请求映射至不同的 Python 函数代码,处理 URL 请求和 Python 函数映射的过程称为路由。使用 Flask Web 应用实例的 route 修饰器,把对应的 Python 函数注册为路由。下面的代码将浏览器请求 Web 根目录的路由映射至 index()函数:

```
@webapp.route('/')              #修饰器将访问网站根目录/ URL 映射为 index()函数
def index():                    #函数 index()返回用户浏览器一段简单的 HTML 代码
    return '<html><body><h1>Hello,world.</h1></body></html>'
```

可以使用 Flask 的 Web 应用实例提供的 route 修饰器,将其他的 URL 映射至其他 Python 函数。

3）启动服务

使用 Flash Web 应用实例提供的 run( )方法可以启动 Flask 集成的 Web 服务器，代码如下：

```
if __name__=='__main__':
    webapp.run(debug=True)
```

run( )方法中的参数 debug 用于设置 Web 服务器启动模式为调试状态，便于开发 Web 应用时实时调试代码。

完整地启动 Web 服务器，并接收用户根目录请求的代码保存为 webapp.py 文件。

```
#webapp.py
from flask import Flask
webapp=Flask(__name__)
@webapp.route('/')
def index():
    return '<html><body><h1>Hello,world.</h1></body></html>'
if __name__=='__main__':
    webapp.run(debug=True)
```

把 webapp.py 文件保存在网站根目录下（读者可以根据需要修改为其他文件名）。运行该文件，Web 服务器启动，提示访问网址为 http://127.0.0.1:5000/ ，如图 9.16 所示。

```
PS C:\pycode> python webapp.py
* Serving Flask app "webapp" (lazy loading)
* Environment: production
  WARNING: Do not use the development server in a production environment.
  Use a production WSGI server instead.
* Debug mode: on
* Restarting with stat
* Debugger is active!
* Debugger PIN: 200-987-978
* Running on http://127.0.0.1:5000/ (Press CTRL+C to quit)
```

图 9.16　启动 Flask Web 服务

打开浏览器，在地址栏输入 http://127.0.0.1:5000/ 后，可以看到浏览器显示的页面是 Flask Web 应用中 index( )函数返回的 HTML 代码的解析页面，如图 9.17 所示。

图 9.17　Web 服务根页面

### 3. 其他请求和响应

通过前面的介绍可知，Flask Web 应用可以将用户浏览器请求通过路由（route）映射到指定的 Python 函数，实现 Web 服务的响应。使用 Flask 的 Web 应用实例以及 Flask 的 request 模块，可以实现更多的网络请求和响应。"表单数据"内容可以通过使用 Flask Web 应用来实现，在前面的 webapp.py 文件中添加如下代码：

```
#将对根目录下 login.html 请求映射为 login( )，返回包含登录元素的 HTML 页面
#将表单元素 form 的请求地址设置为/process.html
from flask import request          #引入 flash 库中的 request 模块
```

```
#… 其他同前代码,略 …
@webapp.route('/login.html')
def login():
    s='''
<html><body>
<form action="/process.html" method="POST">
用户名:<input type="text" name="u_name" size=40><br />
密码:<input type="password" name="u_psw" size=40><br />
<input type="submit" value="登录" />
</form></body></html>
'''
    return s
#将对根目录下 process.html 请求映射为 process()函数,采用的路由方法为 POST
#函数中使用 Flask 的 request 模块获取表单元素数据并进行处理
@webapp.route('/process.html', methods=['POST'])
def process():
    u_name=request.form['u_name']
    u_psw=request.form['u_psw']
    if u_name=='admin' and u_psw=='123456':
        return '<p>用户'+u_name+',你好。</p>'
    else:
        return '<p>你输入的用户名或密码错误。</p>'
```

访问 http://127.0.0.1/login.html,并输入正确或错误的用户名及密码等信息,示列页面如图 9.18 所示。

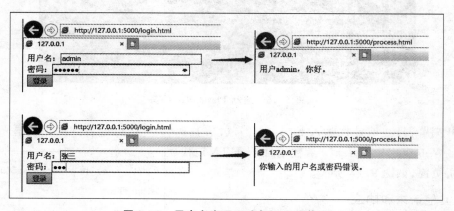

图 9.18 用户名密码正确与不正确截图

### 4. 使用模板

前面介绍了如何使用 Flask Web 应用通过路由实现接收用户浏览器不同 URL 请求以及提供不同响应的方法。对于包含大量业务逻辑的网站,把每个页面的输出内容、逻辑功能都写在同一个函数中是不合适的。Flask 通过模板提供将用户浏览器请求路由映射至响应文件的功能。使用模板进行网站内容的设计和建设,可以方便地将网站通过 MVC 模式实现。

Flask 框架默认使用 Jinja2 模板引擎,将需要响应的模板文件放置在网站根文件夹的

templates 子文件夹中，Flask Web 应用会自动地在该文件夹下寻找模板。

将 index. html 文件存放于 templates 文件夹中，在 webapp. py 文件中写入如下代码：

```
#render_template 模块将 Jinja2 集成到 Web 应用中
from flask import Flask, render_template
#… 其他同前代码略…
@webapp.route('\')
def index():
    return render_template('index.html')
    #自动提取 templates 文件夹下的文档 index.html 渲染并返回
```

使用 Flask 框架可以实现复杂的专业级的网站，本节简要介绍了使用 Flask 进行 Web 应用开发的一般流程。更详细的内容，请参阅 Flask 的相关参考书籍。

# 9.2　数据库编程

不论是数据分析、科学计算、网络编程、游戏设计等与程序设计相关的内容，还是金融、教育、销售、医药等生活领域，都离不开数据，而数据的记录和存储往往都需要数据库的支持。

## 9.2.1　关系型数据库和 SQL 基础

关系型数据库和结构化查询语言（structured query language，SQL）应用广泛，Python 内置了嵌入式小型关系型数据库 SQLite，只须引入 SQLite3 库即可方便地进行数据库编程操作。在关系型数据库中，采用关系模型（二维表）来组织数据，基于表，可以进行数据的插入、删除、更新、查询等操作。除了 SQLite，关系型数据库还包括 Oracle、Microsoft SQL Server、MySQL、Microsoft Access 等，既有大型数据库系统，也有功能简单的桌面型数据库系统。SQL 语言语法简洁，功能强大，易学易用，被大多数关系型数据库所采用。

SQL 语言主要包括两种语句：数据定义语句和数据操作语句。

### 1. 数据定义语句

数据定义语句主要用于在关系型数据库中创建表、修改表的结构以及删除表。

1）CREATE TABLE 语句

CREATE TABLE 语句用于在数据库中创建表，语法格式如下：

**CREATE TABLE 表名 (**
　　列名 1　　数据类型，
　　列名 2　　数据类型，
　　　⋮
　　列名 n　　数据类型)

示例：使用如下语句可以在现有数据库中创建一个名字为 stuInfo 的表。

```
CREATE TABLE stuInfo(
    id INTEGER PRIMARY KEY AUTOINCREMENT UNIQUE NOT NULL,
```

```
stuNo TEXT NOT NULL,
stuName TEXT NOT NULL
)
```

该语句创建的 stuInfo 表的结构如表 9.1 所示。

表 9.1　stuInfo 表结构

| id | stuNo | stuName |
|---|---|---|
| | | |

列名 id(序号)后的 INTEGER 表示该列数据为整型数据,PRIMARY KEY 表示该列是关键字,AUTOINCREMENT 表示该列数据从 1 开始,每增加一行数据记录,id 值自动加 1,UNIQUE 表示该列数据不允许有重复值,NOT NULL 表示该列数据不允许取空值。

列名 stuNo(学号)、stuName(姓名)后的 TEXT 表示这两列数据类型为文本型。

2) ALTER TABLE 语句

ALTER TABLE 语句用于修改现有表的结构,可以对表进行列的增加、删除和类型修改,语法格式如下。

(1) 增加列:

```
ALTER TABLE 表名 ADD 列名 类型
```

(2) 删除列:

```
ALTER TABLE 表名 DROP COLUMN 列名
```

(3) 修改列的属性类型:

```
ALTER TABLE 表名 ALTER COLUMN 列名 类型
```

**说明**:SQLite3 数据库不支持删除列和修改列的属性类型。

示例:下面的代码在 stuInfo 表中增加新列 gender,类型为字符型。

```
ALTER TABLE stuInfo ADD gender CHAR(1)
```

3) DROP TABLE 语句

DROP TABLE 语句用于删除指定的表,语法格式如下:

```
DROP TABLE 表名
```

**2. 数据操作语句**

数据操作语句主要用于从表中查询检索数据,以及在表中插入、更新和删除数据,通过关键字 SELECT、INSERT、UPDATE 和 DELETE 实现。

1) SELECT 语句

使用 SELECT 语句,可以实现数据表中数据的查询操作,语法格式如下:

```
SELECT 目标表的字段或表达式
FROM 表或表集合
WHERE 条件表达式
GROUP BY 字段名序列
```

**HAVING** 组条件表达式
**ORDER BY** 字段名序列

其中,WHERE 子句、GROUP BY 子句、HAVING 子句和 ORDER BY 子句都是可选项,HAVING 子句随 GROUP BY 子句出现。

现假设表 stuInfo 中已有数据如表 9.2 所示。

表 9.2　stuInfo 表中数据

| id | stuNo | stuName | gender |
|----|-------|---------|--------|
| 1 | "2019001" | "张三" | "M" |
| 2 | "2019002" | "李斯" | "F" |
| 3 | "2019003" | "王屋" | "M" |
| 4 | "2019004" | "赵柳" | "F" |
| 5 | "2019005" | "钱琪" | "F" |

示例 1:选取 stuInfo 表中的所有数据。

```
SELECT * FROM stuInfo
```

其中,星号(*)用于查询表 stuInfo 中包含所有列的数据记录,该语句执行后得到的数据和表 9.2 的内容完全相同。

示例 2:对查询结果排序。

```
SELECT stuNo, stuName, gender FROM stuInfo ORDER BY stuNo DESC
```

该语句对查询结果排序以后,得到的结果数据如表 9.3 所示。

表 9.3　排序后的数据

| stuNo | stuName | gender |
|-------|---------|--------|
| "2019005" | "钱琪" | "F" |
| "2019004" | "赵柳" | "F" |
| "2019003" | "王屋" | "M" |
| "2019002" | "李斯" | "F" |
| "2019001" | "张三" | "M" |

SELECT 关键字后的 stuNo、stuName 和 gender 列名表示查询结果只包括这 3 列数据,ORDER BY stuNo 表示查询结果按照列 stuNo 排序,DESC 表示按 stuNo 列的值降序排列,如果省略 DESC 或使用 ASC 表示按指定列升序排列。

示例 3:查询指定条件数据。

```
SELECT * FROM stuInfo WHERE gender='F'
```

执行该语句以后,得到的结果数据如表 9.4 所示。

表 9.4　条件查询结果

| id | stuNo | stuName | gender |
|---|---|---|---|
| "2" | "2019002" | "李斯" | "F" |
| "4" | "2019004" | "赵柳" | "F" |
| "5" | "2019005" | "钱琪" | "F" |

WHERE gender＝'F'表示查询结果只包括 gender 值为'F'的数据。

2) INSERT 语句

使用 INSERT 语句，可以将一条或多条数据记录增加到表中，语法格式如下：

**INSERT INTO 表名 (列 1, 列 2,…) VALUES (值 1, 值 2,…)**

例如，为拥有列 id、stuNo、stuName、gender 的表 stuInfo 增加一条数据记录，可以使用如下语句：

INSERT INTO stuInfo (stuNo, stuName, gender) values('2019001','张三', 'M')

该语句将为表 stuInfo 增加一条数据记录。定义 stuInfo 表结构时，id 为自增数据，因此使用 INSERT 语句时无须为该列赋值。

3) UPDATE 语句

UPDATE 语句用于修改表中数据记录的值，语法格式如下：

**UPDATE 表名 SET 列名＝新值 WHERE 条件**

该语句的作用是将指定表中符合条件的记录中指定列的值修改为"新值"，如果没有 WHERE 子句，则对所有数据记录的指定列进行修改。

示例：

UPDATE stuInfo SET gender='M' WHERE stuNo='2019004'

该语句将 stuInfo 表中 stuNo 为"2019004"的数据记录的 gender 值修改为"M"。

4) DELETE 语句

DELETE 语句用于删除表中的数据记录，语法格式如下：

**DELETE FROM 表名 WHERE 条件**

其功能是删除指定表名中满足条件的数据记录，如果没有 WHERE 子句，则删除指定表中的所有记录，表变为没有任何数据记录的空表。

示例：

DELETE FROM stuInfo WHERE gender='M'

删除 stuInfo 表中 gender 值为"M"的所有记录。

## 9.2.2　SQLite 编程基础

SQLite 是一种轻量级的嵌入式数据库，一个数据库就是一个文件。Python 内置有

SQLite3 数据库,无须安装第三方库即可进行 SQLite 数据库编程。

使用 Python 对 SQLite 数据库进行操作,一般需要如下步骤:

(1) 使用 Python 代码连接至数据库,产生一个数据库连接(connection)。

(2) 建立起数据库连接后,创建用于数据库操作的游标(cursor)。

(3) 通过游标执行 SQL 语句,实现对数据库的各种操作。

(4) 关闭与数据库的连接。

使用 Python 操作数据库的过程如图 9.19 所示。

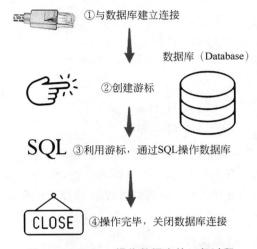

① 与数据库建立连接

数据库（Database）

② 创建游标

SQL　③ 利用游标,通过 SQL 操作数据库

CLOSE　④ 操作完毕,关闭数据库连接

图 9.19　Python 操作数据库的一般过程

### 1. 连接 SQLite 数据库

使用 Python 连接 SQLite 数据库需要用到 Python 内置 SQLite3 的 connect()方法,语法格式如下:

```
conn=sqlite3.connect(数据库名)
```

其功能是和指定的数据库建立连接,并定义数据库连接对象 conn。如果 connect()方法中指定的数据库不存在,会自动创建一个以指定名为名的空数据库。

示例:

```
import sqlite3              #引入 SQLite3 库
conn=sqlite3.connect('demo.sqlite')
```

创建一个名为 demo.sqlite 的空数据库,并定义数据库连接对象 conn。

### 2. 创建表及相关操作

在进行数据库的操作之前,需要创建数据游标,语法格式如下:

```
cur=conn.cursor()
```

其中,conn 是 Python 与 SQLite 建立的数据库连接对象,其方法 cursor()返回对于该数据连接的游标。

使用游标的 execute()方法可以对与游标关联的数据库进行指定操作,execute()方法的

参数为需要执行的 SQL 语句,语法格式如下:

```
cur.execute(sqlstr)
conn.commite()
```

执行 cur.execute(sqlstr)语句后,字符串 sqlstr 中的 SQL 语句将会对游标关联的数据库执行相应的操作,为使 SQL 语句的执行结果最终生效,执行游标的 execute()方法后,还需要执行数据库连接对象 conn 的 commite()方法。

示例:

```
sqlstr='''CREATE TABLE stuinfo(
    id INTEGER PRIMARY KEY AUTOINCREMENT UNIQUE NOT NULL,
    stuNo TEXT NOT NULL,
    stuName TEXT NOT NULL,
    gender CHAR(1))'''
cur.execute(sqlstr)              #游标执行 SQL 语句
conn.commite()                  #提交执行结果
```

以上代码执行后,将会在数据库 demo.sqlite 中创建一个名字为 stuInfo 的空表。

使用游标还可以实现删除表的操作。需要说明的是,SQLite 是一种小型的嵌入式数据库,对于 SQL 语言支持并不完全,SQLite 支持表结构增加列的操作,但是不支持删除列和修改列数据类型的操作。

**3. 数据的增加、更新、删除操作**

SQLite 数据库的数据记录增加、更新和删除操作和新建表的操作类似,均为 cur.execute(sqlstr)语句形式,其中的 sqlstr 为表示 SQL 语句的字符串。

示例:

```
#…创建数据库连接和游标代码略…
stu=[[1,'2019001','张三','M'],
     [2,'2019002','李斯','F'],
     [3,'2019003','王屋','M'],
     [4,'2019004','赵柳','F'],
     [5,'2019005','钱琪','F']]
for item in stu:
    sqlstr='''INSERT INTO stuInfo(stuNo,stuName,gender)
    VALUES('{}','{}','{}')'''.format(item[1],item[2],item[3])
    cur.execute(sqlstr)
conn.commit()
conn.close()
```

以上代码将学生数据记录添加到表 stuInfo 中,学生数据存放在一个列表中,通过 Python 的 for 循环,item 依次取得每个学生的数据,其中 item[1]、item[2]和 item[3]分别是学号、姓名和性别值。取得每条学生数据记录后,构造将该条数据记录添加进 stuInfo 表的 SQL 语句并执行。然后使用数据库连接 conn 对象提交执行结果,最后关闭数据库连接。对 SQLite 数据库中数据的更新和删除操作,与增加数据操作类似。

**4. 数据的查询操作——SELECT**

1）基础查询操作

使用 Python 对数据库执行数据查询操作，可以得到游标返回的数据集，再通过编写 Python 代码将结果以某种形式展现出来。语法格式如下：

**res=cur.execute(SELECT 查询语句)**

res 是执行 SELECT 查询语句后的游标，使用以下 res 的 3 种方法，均可获取执行查询语句后的数据集，并存入 ds 中。

（1）获取当前游标的下一行数据，ds 为一个元组。代码如下：

```
ds=res.fetchone()
```

（2）获取当前游标后的 n 行数据，ds 为一个列表，列表由元组数据元素组成。代码如下：

```
ds=res.fetchmany(n)
```

（3）获取当前游标的所有数据，ds 为一个列表，列表由元组数据元素组成。代码如下：

```
ds=res.fetchall()
```

示例：

```
#…其他代码略…
sqlstr='SELECT * FROM stuInfo'
res=cur.execute(sqlstr)
for item in res.fetchall():
    print(item)
#…其他代码略…
```

上面代码的功能是读取 stuInfo 表中的所有数据并输出，执行结果如下：

```
(1, '2019001', '张三', 'M')
(2, '2019002', '李斯', 'F')
(3, '2019003', '王屋', 'M')
(4, '2019004', '赵柳', 'F')
(5, '2019005', '钱琪', 'F')
```

2）SELECT 动态条件查询

使用带条件的（并且条件值也不固定）SELECT 语句进行数据查询时，可以采用如下语法形式：

```
gender_user_input=input()
sqlstr='SELECT * FROM 表名 WHERE gender=? '
res=cur.execute(sqlstr, (gender_user_input, ))
```

SELECT 查询语句中的 gender 条件由用户输入给变量 gender_user_input 的值决定，构造查询语句 sqlstr 时，把需要在执行时替换的内容用西文问号（?）代替，在执行游标的

execute()方法时,提供元组数据作为参数放在 sqlstr 参数之后,代码执行时元组中的数据会一一对应替换 sqlstr 中的问号(?),生成带条件的查询语句。

示例:用值"F"替换 sqlstr 中的"?"。

```
#…其他代码略…
sqlstr='SELECT * FROM stuInfo WHERE gender=? '
res=cur.execute(sqlstr,('F',))
for item in res.fetchall():
    print(item)
#…其他代码略…
```

以上代码的功能是查询 stuInfo 表中 gender 值为"F"的所有数据记录并输出,代码执行结果如下:

```
(2, '2019002', '李斯', 'F')
(4, '2019004', '赵柳', 'F')
(5, '2019005', '钱琪', 'F')
```

**说明**:语句 res＝cur.execute(sqlstr,('F',))中,'F'后面的逗号(,)不能省,因为'F'是元组中的元素,省掉逗号则'F'就不是元组了。

**5. 将 SQLite 作为网站后台数据库**

下面修改 9.1.2 节中"4. 使用 MVC 模式开发网站"时的查询、添加、修改和删除物理三班成绩的示例。将该例中对文本数据文件的操作改为使用数据库方式完成。

首先在根目录 wwwroot 下的 data 子文件夹中建立 SQLite 数据库文件 scores.sqlite,并在数据库中添加表 scores,表的结构和数据如表 9.5 所示。

表 9.5　scores 表结构与数据

| name | score | name | score |
| --- | --- | --- | --- |
| "张三" | 98 | "胡颖" | 78 |
| "李斯" | 89 | "冯志" | 85 |
| "王英" | 96 | | |

为了能够在 viewdata.py 中正确地显示数据,修改 libs.py 中数据显示对应的函数 show_data(filename),修改后的代码如下:

```
import sqlite3
#… 其他代码略…
def show_data(filename):
    txt_table='<table border="1" cellpadding="10" width="200px">'
    txt_table=txt_table+'<tr><td>姓名</td><td>计算机</td></tr>'
    conn=sqlite3.connect(filename)
    cur=conn.cursor()
    sqlstr='SELECT * FROM scores'
    res=cur.execute(sqlstr)
```

```
        ds=res.fetchall()
        for line in ds:
            txt_table+='<tr>'
            txt_table=txt_table+'<td align="center">'+line[0]+'</td>'
            #line[1]是成绩,为数值型数据
            #使用 str()转换为字符串后再和其他字符组合
            txt_table=txt_table+'<td align="center">'+str(line[1])+'</td>'
            txt_table+='</tr>'
        txt_table+='</table>'
        return txt_table
#…其他代码略…
```

修改 viewdata.py 中的部分代码以正确显示数据,将下面访问 scores.txt 文件的代码

```
table=libs.show_data('data\\scores.txt')
```

修改为如下访问数据库文件 scores.sqlite 的代码:

```
table=libs.show_data('data\\scores.sqlite')
```

关于成绩数据的增加、修改和删除等功能,读者可以自行编码完成。

## 9.2.3　操作其他类型数据库

　　Python 除了可以操作内置数据库 SQLite 之外,也可以对其他数据库编程。例如,对 Oracle、Microsoft SQL Server、MySQL、Microsoft Access 等数据库编程。其操作过程和 Python 结合 SQLite 数据库编程类似:①建立连接(Connection);②创建游标(Cursor); ③基于游标执行 SQL 语句;④关闭数据库连接。不同之处在于,一般需要引入操作对应数据库的第三方库。例如,为了能够使用 Python 结合 Microsoft Access 数据库编程,需要首先使用 pip 工具安装 pyodbc 第三方库,然后使用如下语句建立和数据库的连接:

```
conn=pyodbc.connect(r'Driver={Microsoft Access Driver\
    (* .mdb, * .accdb)};DBQ=c:\demo.mdb;')
```

# 9.3　网页爬取

　　网页爬取是通过网络爬虫实现的。网络爬虫的英文名称为 Web Spider,是非常形象的一个名字,好像一只在网络上不停爬动的虫子(蜘蛛)。网络爬虫的目的并不在于在网络上爬来爬去,而是在爬的过程中将有用的数据抓取回来,保存在服务器或自己的计算机中,便于进行后续的数据分析和处理。例如,微软、百度、Google 等公司搜索引擎的功能就来源于它们的网络爬虫在互联网上获取的海量数据,在此基础上按照用户的关键字搜索请求,将相关的信息发送给用户。普通用户并不需要像专业搜索引擎那么复杂的网络爬虫,只要能爬取到自己需要的信息即可。例如,某音乐网站的点评或新歌信息、某网上商城的价格变化信息、某网站的新闻舆情信息等。

## 9.3.1　爬虫基础

使用 Python 构建网络爬虫时,一般需要经过这样几个步骤:①爬取初始指定网页的内容;②对爬取到的网页内容进行解析,并提取需要的数据进行保存;③根据需要进行下一个网页的爬取。

### 1. 爬取网页

在对网页进行爬取时,通常可以使用内置 urllib 库或者 requests 第三方库,获取爬取网页的 HTML 代码。因为 requests 库功能强大、简单易用,本节获取网页时以 requests 库为例进行介绍。requests 库是一个第三方库,如果还没有安装此库,可以在 Windows 命令行界面使用 pip 命令安装,格式如下:

```
pip install requests
```

在编写爬取网页的程序代码时,需要使用如下语句引入 requests 库:

```
import requests
```

### 2. 解析网页内容并提取数据

从网络上爬取的网页由 HTML 代码组成,HTML 标签(如段落标签＜p＞、表标签＜table＞)和数值、文字等内容混合在一起。需要对 HTML 代码内容进行必要的解析后,才能获得用户真正需要的数据。

对于网页内容的解析,首先需要用户对于待爬取网页 HTML 代码结构有基本的认识,明确哪些 HTML 标签下的数据是需要的,有什么样的结构特点。在此基础上,使用正则表达式(Regular Express)库,简称 re 库来匹配符合规则的数据并提取数据。re 库是 Python 内置库,可在编写程序时直接引入使用。

从网络爬取的网页 HTML 代码风格各异。有的 HTML 内部结构复杂,单纯地使用 re 库进行数据匹配和提取,效果往往不是十分理想。对于复杂的网页,一般会在匹配提取数据前,先使用 BeautifulSoup 库对网页 HTML 进行解析,在此基础上直接获取所需的数据,或者辅助使用 re 库获取所需的数据。

由于 BeautifulSoup 库是第三方库,使用之前须确保已经安装,如果还没有安装,可用如下命令安装:

```
pip install beautifulsoup4
```

在 Python 编程环境中,使用以下代码引入 BeautifulSoup 使用:

```
from bs4 import BeautifulSoup
```

### 3. robots 协议

在具体爬取网站内容之前,首先简要介绍与网站爬取有关的 robots 协议。严格来讲,robots 既不是协议,也不是规范,只是一种约定俗成的规则。robots 协议用来告诉网络搜索引擎和普通用户爬虫程序,当前网站中哪些内容可以被爬取,哪些不允许被爬取。robots 协议通过在网站根目录下放置的名为 robots.txt 的 ASCII 文本文件实现。robots.txt 中通过特定的代码描述当前网站全部或部分内容是否允许网络爬虫爬取。

　　robots.txt 中使用 User-agent 描述爬取限制，使用 Allow 和 Disallow 描述允许或不允许爬取。

　　示例：

```
User-agent: *
Allow:/
```

允许任意爬虫爬取本网站所有内容。

```
User-agent: *
Disallow: /
```

不允许任何爬虫爬取本网站任何内容。

```
User-agent: *
Disallow: /cgi-bin/
Allow: /article
```

任何爬虫不许爬取本网站/cgi-bin/目录下的内容，允许爬取/article/目录下的内容。

```
User-agent: spyder_name
Allow: /
```

允许名为 spyder_name 的爬虫爬取本网站的所有内容。

　　Robots 协议并非强制性规范，但用户（特别是商业用户）实际爬取某网站数据时，应该严格按照该网站的 robots.txt 要求执行，否则会面临责任追究的风险。

　　读者可以通过访问 https://www.taobao.com/robots.txt、https://www.jd.com/robots.txt 等网站查看国内著名购物网站的 robots 协议是如何定义的，从而学习 robots 协议的一般规则。

## 9.3.2　使用 Requests 库进行爬取

　　Requests 库是一个功能强大、简单易用的第三方网络资源交互 Python 库。使用 Requests 库可以方便地完成获取网站网页内容、向网站提交数据等工作。直接获取网页数据，一般使用 Requests 库的 get 方法，需要向网站提交数据后获取网页一般使用 post 方法。除此之外，Requests 还有 hear、put 等其他方法用于和网站进行数据的交互和获取。本节主要使用 Requests 的 get 方法介绍网络爬虫获取数据的一般方法和步骤。

### 1. Requests 库的基本用法

Requests 库的 get 方法使用格式如下：

```
import requests
r=requests.get(urlstr, params)
```

其中，参数 urlstr 是欲爬取网页的 url；参数 params 可以在爬取该网页时向网站提供一些指定的值，用于返回不同的网页内容。

　　例如，爬取网页 https://xshg.github.io/hbupybook/numberDemo.html 的页面内容。

使用浏览器访问该页面,截图如图 9.20 所示。

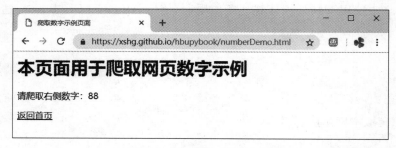

图 9.20  爬取页面上的数字

查看网页源代码,可以看到页面 HTML 代码如下:

```html
<html>
  <head>
    <title>爬取数字示例页面</title>
  </head>
<body>
  <h1>本页面用于爬取网页数字示例</h1>
  <p>请爬取右侧数字:<span>88</span></p>
  <p><a href="index.html">返回首页</a></p>
</body>
</html>
```

使用 Requests 库的 get 方法获取该页面的代码如下:

```python
import requests
r=requests.get('https://xshg.github.io/hbupybook/numberDemo.html')
print(r.text)
```

代码执行后,IDLE Shell 窗口截图如图 9.21 所示。

```
Python 3.6.6 Shell                                        —  □  ×
File Edit Shell Debug Options Window Help
>>>
== RESTART: C:/Users/xshg/OneDrive - hbu.edu.cn/Python教材/requestsDemo01.py ==
<html>
  <head>
    <title>爬取数字示例页面</title>
  </head>
<body>
  <h1>本页面用于爬取网页数字示例</h1>
  <p>请爬取右侧数字:<span>88</span></p>
  <p><a href="index.html">返回首页</a></p>
</body>
</html>
>>> |
```

图 9.21  爬取网页示例

由上面代码可以看出,使用 Requests 的 get 方法,获取了指定网址的相应内容,并将其结果赋值给对象 r。对象 r 是 Requests 的 Response 对象,通过 r.text 可以得到指定网址的 HTML 代码。

使用 Requests 的 get 方法获取的对象的常用属性如表 9.6 所示。

表 9.6　使用 Requests 的 get 方法获取的对象的常用属性

| 属　　性 | 含　　义 |
| --- | --- |
| apparent_encoding | Requests 根据网页内容推测该网页应使用的最佳编码方式 |
| content | 数据的二进制编码形式 |
| encoding | 页面自身的编码方式,可根据需求修改 |
| status_code | 网站响应的状态码。如 200 为正常,404 为请求资源不存在等 |
| text | 返回的 HTML 字符 |
| url | 请求的网页地址 |

下面通过交互代码的方式对以上部分属性进行介绍(假设已引入 Requests 库)。

```
>>>r=requests.get('https://xshg.github.io/hbupybook/numberDemo.html')
>>>print(r.status_code)        #status_code 值为 200,表示对网页访问并爬取成功
200
>>>print(r.encoding)           #encoding 是该网页的编码形式
utf-8
>>>print(r.apparent_encoding)
utf-8                          #Requests 通过网页内容推断该网页应使用编码
>>>print(r.text[:50])          #输出出网页 HTML 代码的前 50 个字符
<html>
  <head>
    <title>爬取数字示例页面</title>
  </he
>>>
```

互联网环境复杂,在使用 Requests 库获取网页 HTML 代码时,常常会遇到乱码的情况,可以尝试执行 r.encoding＝r.apparent_encoding 来解决这个问题。

在对爬取的网页进行操作之前,要判断 status_code 的值是否为 200,代码为 200 表示成功访问和读取了网页。常见的 status_code 码包括:301——请求的页面已经永久移动,401——服务器要求身份验证,403——服务器拒绝请求,404——服务器找不到请求的页面,等等。

**2. 解析网页内容并获取数据**

使用 Requests 爬虫爬回来的 HTML 代码中,数据和 HTML 标签混合在一起。解析网页内容的目的就是为了获取用户真正需要的数据。例如,对于上节访问的网页,我们真正要爬取的是页面中的数字"88"。

1) 正则表达式

正则表达式通过符合特定规则的字符串,去匹配目的字符串中的某些特定数据。例如,上节的网页 numberDemo.html 页面中有一个 2 位的数字,我们使用正则表达式"\d\d"或者"[0-9][0-9]"就可以将其匹配出来。

Python 中内置了正则表达式库(即 re 库),代码如下:

```
import requests
```

```
import re                                     #使用 re 库前,先使用 import 引入
r=requests.get('https://xshg.github.io/hbupybook/numberDemo.html')
if r.status_code==200:
    result=re.search('\d\d', r.text)          #使用 re 的 search 方法在 r.text 中匹配两个数字
    print(result.group(0))                    #将匹配成功的第一个结果输出
else:
    print('爬取不成功,错误代码为：{}'.format(r.status_code))
```

代码执行后,输出的结果为 88,成功地将结果匹配出来。

正则表达式常用的匹配字符及其含义如表 9.7 所示。

表 9.7　正则表达式常用的匹配字符及其含义

| 匹 配 字 符 | 含　　义 |
| --- | --- |
| \d 或[0-9] | 匹配 0、1、2、3、4、5、6、7、8、9 中的任一数字 |
| \D | 匹配任一非数字 |
| \s | 匹配任一不可见字符。如匹配空格、Tab 制表符等 |
| \S | 匹配任一可见字符 |
| .（点） | 可以匹配\n 和\r 以外的任一字符 |
| \ | 用于转义字符。如\\表示匹配\,\. 表示匹配 .（点） |
| [a-z]和[A-Z] | 匹配任一小写英文字母和匹配任一大写英文字母 |
| ＊ | 匹配前一个子表达式任意次。如 a[0-9]＊可以匹配 a、a7、a95、a863 等 a 字符后跟任意个任意数字的字符串 |
| ? | 匹配前一个子表达式 0 次或 1 次。如 az?可以匹配 a 或 az |
| {n} | 匹配前一个子表达式 n 次。如 ab{3}可以匹配 abbb |
| {m, } | 匹配前一个子表达式至少 m 次。如 ab{2,}可以匹配 abb、abbb 等 |
| {m, n} | 匹配前一项子表达式至少 m 次,最多 n 次。如 ac{2,4}可以匹配的字符串包括 acc、accc 和 acccc 这 3 项 |
| （匹配字符） | 放在一对圆括号内的匹配字符表示一个待匹配的子表达式。如 a(bc){0,1}可以匹配 a 和 abc,相当于 a(bc)? |

2）re 库

Python 内置正则表达式 re 库,利用 re 库可以方便地对字符串进行匹配操作。re 库中的 search、match、findall 和 finditer 等方法都可以用来匹配字符串,具体格式如下。

（1）search 方法：

**re.search(pattern, string)**

参数 pattern 用来在目的字符串中匹配数据的正则表达式字符串；参数 string 是需要匹配结果的目的字符串。

执行时只查找第一个匹配成功的结果,未匹配成功则返回 None。匹配成功后返回的结果是一个 re 的 Match 类型数据,可以使用其 group(0)的方式取得匹配成功的字符串。如果正则表达式串中有使用“()”的子表达式,则依次使用 group(1)、group(2)取得其他的子项字符串。

（2）match 方法

**re.match(pattern, string)**

pattern 和 string 含义同前，match 匹配时总是从 string 的第一个字符开始匹配，如果满足则返回匹配结果，否则返回 None 值。

（3）findall 方法

**re.findall(pattern, string)**

pattern 和 string 含义同前，findall 用来匹配所有可匹配成功的组，即"（）"子表达式匹配的所有字符串，返回结果为列表类型，若没有匹配成果则返回为空列表。

（4）finditer 方法

**re.finditer(pattern, string)**

pattern 和 string 含义同前，finditer 会匹配 string 中所有符合 pattern 要求的字符串，并返回可迭代 iterator 类型数据。可迭代数据的每个可取得的元素均为 Match 类型数据。

【例 9.1】　通过网址 https://m.tianqi.com/beijing 可以实时获取北京地区天气预报信息，编写程序，每 1 小时爬取该网页一次，并且将当时气温数据读出依次保存在 Beijing_tem.txt 文件中，每条信息格式为"年年月月日日，时时：分分，当前温度值"，例如"20180919，23：50，17"。

分析：首先使用浏览器访问 https://m.tianqi.com/beijing，页面截图如图 9.22 所示。然后分析网页 HTML 源代码可知，其实时温度在 HTML 的<p>标签的一个子标签<b>内，<p>标签的 css 类名为 now。

**图 9.22　访问天气网的北京天气预报**

在此基础上,构建一个匹配温度的正则表达式。气温值的一般形式为"－ab.c",零下时显示负号"－",负号和小数点中间的数字为 1～2 位,小数点后数字为 0～1 位。构建的正则表达式为"＜p class＝"now"＞＜b＞(－?\d{1,2}\.?\d?)＜/b＞"。"(－?\d{1,2}\.?\d?)"是一个子表达式,匹配具体数值。

```
#P0901.py
#引入需要用到的 3 个库,time 库用来提供当前时间和计时
import requests, re, time
while True:
    r=requests.get('https://www.tianqi.com/beijing')          #爬取网页
    #使用这个表达式匹配,得到两个数据 res.group(0)和 res.group(1)
    #group(0)是匹配的总的字符串,group(1)是子匹配项结果
    res=  re.search('<p class="now"><b>(-?\d{1,2}\.? \d?)</b>', r.text)
    #格式化当前时间形式为:年年年年月月日日,时时:分分
    str_datetime=time.strftime('%Y%m%d,%H%M,')
    tmp=res.group(1)                                           #温度取自匹配项内容
    #以增加写模式打开文件 beijing_tem.txt
    with open('beijing_tem.txt', 'a', encoding='utf-8') as f:
        f.write(str_datetime+tmp+'\n')                        #将数据写入文件
    time.sleep(3600)
```

## 9.3.3　使用 BeautifulSoup 库解析从网页获取的数据

9.3.2 节使用 Requests 库的 get()方法爬取网页内容,查看网页 HTML 源码,分析所提取数据在什么位置、有何特征后,书写正则表达式,使用 re 库的 search 方法获取所需数据。在这个过程中,解析网页 HTML 源码的规则,几乎都是用户自己在处理,每当需要获取同一个网页的不同类型数据时,就需要重新书写对应的正则表达式,这样工作量大,而且容易出错。在进行比较复杂的网页解析时,可以使用 BeautifulSoup 等第三方库辅助解析,以提高数据获取的准确度和效率。

【例 9.2】　爬取 https://xshg.github.io/hbupybook/urlsDemo.html 页面,获取网页中所有超链接的文字及地址。

分析:使用浏览器访问 https://xshg.github.io/hbupybook/urlsDemo.html,并查看页面源代码,页面截图如图 9.23 所示。

网页源代码如下:

```
#P0902.py
<html>
  <head>
    <title>爬取超链接示例页面</title>
  </head>
<body>
  <h1>本页面用于爬取超链接示例</h1>
<p><a class="a_class" id="demo01"
href="https://xshg.github.io/hbupybook/demo01.html">超链接 01</a></p>
```

```
<p><a class="a_class" id="demo01" href="https://www.tianqi.com/beijing">
北京天气(天气网)</a></p>
<p><a class="a_class" id="demo01"
href="http://www.ngchina.com.cn/travel/">国家地理中文网</a></p>
<p><a class="a_class" id="demo01"
href="https://xshg.github.io/hbupybook/sample01.html">超链接02</a></p>
<p><a class="a_class" id="demo01"
href="https://xshg.github.io/hbupybook/test01.html">超链接03</a></p>
<p><a class="a_class" id="demo01"
href="https://xshg.github.io/hbupybook/default.html">超链接04</a></p>
<img width="400px" alt="从城市到草原：去肯尼亚你可以这么玩"
src="http://image.ngchina.com.cn/2017/1116/20171116113011179.jpg">
<p><a href="index.html">返回首页</a></p>
<hr />
<p>注：本页引用图片来源于"国家地理中文网",如有侵权,请
<a href="mailto:xshg@msn.com">发邮件</a>给我,将尽快删除。</></p>
</body>
</html>
```

**图9.23　爬取网页超链接示例**

通过分析源代码可知,所有的超链接均在HTML的＜a＞标签内,超链接的文字在
""＞"和"＜/a＞"之间,如""＞超链接01＜/a＞",超链接的链接地址在"href＝"""和""＞"之
间。在此分析基础上写出匹配正则表达式"href＝"(http.＊)"＞(.＊)＜/a＞",第一个"()"

子表达式用于匹配超链接地址,第二个"()"子表达式用于匹配超链接显示的文字。代码如下:

```python
import requests, re
r=requests.get('https://xshg.github.io/hbupybook/urlsDemo.html')
res=re.findall('href="(http.*)">(.*)</a>', r.text)
for item in res:
    print('超链接名称:{},超链接地址:{}'.format(item[0], item[1]))
```

程序运行结果如下:

超链接名称:https://xshg.github.io/hbupybook/demo01.html,超链接地址:超链接 01
超链接名称:https://www.tianqi.com/beijing,超链接地址:北京天气(天气网)
超链接名称:http://www.ngchina.com.cn/travel/,超链接地址:国家地理中文网
超链接名称:https://xshg.github.io/hbupybook/sample01.html,超链接地址:超链接 02
超链接名称:https://xshg.github.io/hbupybook/test01.html,超链接地址:超链接 03
超链接名称:https://xshg.github.io/hbupybook/default.html,超链接地址:超链接 04

表面上看,这段程序完成了任务。仔细查看就会发现,源代码中的"返回首页"和"发邮件"也是超链接。"返回首页"的超链接是站内链接,链接地址没有使用 HTTP 等协议名开始,"发邮件"是特殊的超链接形式,它以协议名 mailto:作为起始。为了能够将这些特殊的数据爬取出来,就需要写出针对它们的正则表达式。

### 1. 使用 BeautifulSoup 库

使用 BeautifulSoup 库,可以简单、高效地完成网页内部标签和数据的基础解析工作,用户只须将重点放在如何提取数据及处理数据上。

由于 BeautifulSoup 库是第三方库,使用前须确保已经安装和引入,可以使用以下语句在"命令提示符"窗口中安装此库:

```
pip install beautifulsoup4
```

注意,库名是 beautifulsoup4,在 Python 编程环境中,使用以下代码引入 BeautifulSoup 使用:

```python
from bs4 import BeautifulSoup
```

对于上例中需要解析的网页 HTML 代码 r.text,创建一个 BeautifulSoup 对象,并赋值给一个对象名 soup。

```python
soup=BeautifulSoup(r.text, "html.parser")
```

然后,使用 soup 对象就可以访问网页中的节点、文字、图像等各类信息了。

语句中 BeautifulSoup()函数的第一个参数 r.text 是待解析的网页 HTML 代码,第二个参数 html.parser 用于表示使用何种模式对 r.text 内容进行解析。除了此处用到的 html.parser 值外,还可以选择 lxml、xml、html5lib 等值,此处进行的是标准 HTML 文档解析,故选择 html.parser 作为参数值。

soup 获得 BeautifulSoup()解析对象后,可以使用 HTML 标签、属性、文本等方式获取

网页中的数据。下面通过 Python IDLE 交互方式,将 BeautifulSoup()库的常用属性和方法示例如下:

```
>>>from bs4 import BeautifulSoup
>>>import requests
>>>r=requests.get('https://xshg.github.io/hbupybook/urlsDemo.html')
#爬取网页
>>>soup=BeautifulSoup(r.text, 'html.parser')
#解析爬取页面,将解析结果 BeautifulSoup 对象赋值给 soup
>>>a_01=soup.a
#获取 soup 中的第一个"a"标签对象,即超链接<a>标签对象
>>>print(a_01)                  #输出 a_01 的内容
<a class="a_class" href="https://xshg.github.io/hbupybook/demo01.html"
id="demo01">超链接 01</a>
>>>print(a_01.text)             #输出 a_01 中超链接显示文本,也可使用 a_01.get_text()获
                                取超链接 01
>>>print(a_01['href'])          #输出 a_01 中超链接的链接地址属性 href 的值
https://xshg.github.io/hbupybook/demo01.html
>>>print(a_01['id'])            #输出 a_01 中 id 属性的值
demo01
>>>img_01=soup.img              #获取网页中第一个图像标签对象,即<img>标签
>>>print(img_01['src'])         #获取 img_01 中图片源属性 src 的值
http://image.ngchina.com.cn/2017/1116/20171116113011179.jpg
>>>print(soup.p)                #输出 soup 中第一个<p>标签内容
<p><a class="a_class" href="https://xshg.github.io/hbupybook/demo01.html"
id="demo01">超链接 01</a></p>
```

由示例可以看出,获取解析页面的 BeautifulSoup 对象(soup)后,可以使用 HTML 的标签快速定位到第一个指定标签内容,使用该对象的"text"属性可以获取该标签的直接显示文字,使用 soup[属性名]的形式可以获取该标签内对应的属性值。例如,soup['href']则获取 soup 对象标签中属性为"href"的值。

如果需要定位多个相同标签,可以使用 BeaufifulSoup 对象的 find_all()方法,find_all()方法的参数可以是 HTML 标签,也可以是网页中 css 的名称等。下面通过 Python IDLE 交互方式说明如下(soup 对象沿用上例)。

```
>>>a_all=soup.find_all('a')    #获取 soup 中的所有<a>标签内容对象,对象以列表形式返回
>>>print(a_all)
[<a class="a_class" href="https://xshg.github.io/hbupybook/demo01.html"
id="demo01">超链接 01</a>,<a class="a_class" href="https://www.tianqi.com/
beijing" id="demo01">北京天气(天气网)</a>,<a class="a_class" href="http://www.
ngchina.com.cn/travel/" id="demo01">国家地理中文网</a>,<a class="a_class"
href="https://xshg.github.io/hbupybook/sample01.html" id="demo01">超链接 02</a>,<
a class="a_class" href="https://xshg.github.io/hbupybook/test01.html"
id="demo01">超链接 03</a>,<a class="a_class" href="https://xshg.github.io/
hbupybook/default.html" id="demo01">超链接 04</a>,<a href="index.html">返回首页
</a>,<a href="mailto:xshg@msn.com">发邮件</a>]
```

```
>>>a_css_all=soup.find_all(class_='a_class')
#获取 HTML 代码中所有应用了 css 名称为 a_class 的标签对象
#由于 class 是 Python 关键字,此处 find_all()中的参数 class_为 class 后跟一个下画线_
>>>print(a_css_all)
[<a class="a_class" href="https://xshg.github.io/hbupybook/demo01.html"
id="demo01">超链接 01</a>,<a class="a_class" href="https://www.tianqi.com/
beijing" id="demo01">北京天气(天气网)</a>,<a class="a_class" href="http://www.
ngchina.com.cn/travel/" id="demo01">国家地理中文网</a>,<a class="a_class"
href="https://xshg.github.io/hbupybook/sample01.html"
id="demo01">超链接 02</a>,<a class="a_class" href="https://xshg.github.io/
hbupybook/test01.html"
id="demo01">超链接 03</a>,<a class="a_class" href="https://xshg.github.io/
hbupybook/default.html" id="demo01">超链接 04</a>]
```

从上面的示例可以看出,使用 BeautifulSoup 的 find_all()方法,可以快速地获取指定标签或属性的网页对象。对比数据 a_all 和 a_css_all 可以发现,数据有些不同,a_all 获得了网页中的所有超链接,包括"返回首页"和"发邮件"超链接;而 a_css_all 只返回了<a>标签中 css 属性 class 为 a_class 的对象,这些对象也可能不是超链接,但只要应用该属性,就可以被匹配出来。

【例 9.3】 爬取 https://xshg.github.io/hbupybook/urlsDemo.html 页面,使用 BeautifulSoup 库解析并获取网页中所有超链接的文字及地址。

```
#P0903.py
import requests, re
from bs4 import BeautifulSoup
r=requests.get('https://xshg.github.io/hbupybook/urlsDemo.html')
res=BeautifulSoup(r.text, "html.parser")
a_all=res.find_all('a')
for item in a_all:
    print('超链接名称:{},超链接地址:{}'.format(item.text, item['href']))
```

代码运行结果如下:

```
超链接名称:超链接 01,超链接地址:https://xshg.github.io/hbupybook/demo01.html
超链接名称:北京天气(天气网),超链接地址:https://www.tianqi.com/beijing
超链接名称:国家地理中文网,超链接地址:http://www.ngchina.com.cn/travel/
超链接名称:超链接 02,超链接地址:https://xshg.github.io/hbupybook/sample01.html
超链接名称:超链接 03,超链接地址:https://xshg.github.io/hbupybook/test01.html
超链接名称:超链接 04,超链接地址:https://xshg.github.io/hbupybook/default.html
超链接名称:返回首页,超链接地址:index.html
超链接名称:发邮件,超链接地址:mailto:xshg@msn.com
```

使用 BeautifulSoup 库可以大大降低人工分析网页源码以及书写正则表达式的工作量。

**2. 使用 BeautifulSoup 示例**

1) 获取北京市气温

此处改写前面获取北京市天气预报中气温的代码,使用 BeautifulSoup 库实现,代码如下：

```
import requests
from bs4 import BeautifulSoup
r=requests.get('https://www.tianqi.com/beijing')
soup=BeautifulSoup(r.text,"html.parser")
res=soup.find_all(class_='now')
beijing_tmp=res[0].b.text          #获取找到的数据的<b>标签中的文字,即气温值
print('北京市当前气温：{}摄氏度。'.format(beijing_tmp))
```

2）保存带图片页面

【例 9.4】　访问 https：//xshg. github. io/hbupybook/imgsDemo. html 页面，并将该页面中的所有图片保存在计算机中。

分析：首先使用 Requests 库爬取该网页，然后使用 BeautifulSoup 库对网页代码解析，并获取图片地址列表。使用 Requests 库逐一爬取图片并存储于计算机中。

```
#P0904.py
import requests, re
from bs4 import BeautifulSoup
r=requests.get('https://xshg.github.io/hbupybook/imgsDemo.html')
res=BeautifulSoup(r.text, "html.parser")
img_all=res.find_all('img')          #获取所有<img>标签对象
i=1                                  #保存的文件名编号,从 1 开始
for item in img_all:
    src=item['src']                  #取得图片的 src 属性,即图片地址
    img_r=requests.get(src)
    fileName='demo'+str(i)+'.jpg'
    with open(fileName, 'wb') as f:  #图像是二进制数据,此处参数使用 wb
        #获取的二进制数据使用 Requests 对象的 content 数据
        f.write(img_r.content)
        i=i+1    #图像编号加 1
```

代码执行完，当前文件夹下将会出现 demo1. jpg、demo2. jpg 和 demo3. jpg 这 3 个图片文件。

# 9.4　数据可视化

数据可视化是计算机数据处理的一个重要分支，将数据以图形化的形式展现出来，可以更加直观、简洁地反映出数据中蕴含的规律。折线图可以反映数据的走向趋势，条形图可以反映数据的差异对比，饼图可以反映数据部分与整体的关系，散点图可以反映数据的分布或关联趋势……，合理地选择数据图表类型，将数据可视化，可以更加精准、高效地传递数据蕴含的信息。

基于 Python 对数据进行可视化处理，主要用到 Python 的两个第三方库：Numpy 和 Matplotlib。Numpy 是运算效率很高的一个数学库，主要用于数组和矩阵运算，提供了基于矩阵的、高效的数学函数运算实现，在科学运算方面应用广泛。Matplotlib 是为 Python 提

供数据可视化的一个重要第三方库,其安装使用依赖于 Numpy 库,因此安装 Matplotlib 之前应该先安装 Numpy。

## 9.4.1　Numpy 基础

Numpy 是 Python 中最重要的数学运算库之一,底层使用 C 语言编写,因此具有很高的运算效率。Numpy 的核心数据类型是 ndarray,可以认为是一种 n 维的数组结构。Numpy 为 ndarray 提供的加、减、乘、除、三角等运算,均是针对数组中的每个数据元素的。

在编程时须先引入 Numpy 库,语法格式(惯例)如下:

```
import numpy as np
```

**1. 创建数组**

1) 将 Python 列表转换为 Numpy 的 ndarray 数据

使用 Numpy 提供的 array()函数,可以将 Python 的列表型数据直接转换为 ndarray 类型数据。

示例:

```
>>>data=np.array([[1,2,3],[4,5,6]])
>>>type(data)
<class 'numpy.ndarray'>
>>>print(data.shape)       #输出数据维数尺寸,该例为 2 行 3 列的二维数据
(2, 3)
>>>print(data)
[[1 2 3]
 [4 5 6]]
```

由上面的代码可以看出,Python 的列表型数据[[1,2,3],[4,5,6]]已转换为 Numpy 的 ndarray 类型数据。

2) 使用 Numpy 函数创建数组

Numpy 还提供了一些用于创建数组的函数。

示例:

```
>>>data_a=np.zeros((2, 3))
```

该语句创建一个 2 行 3 列、元素值均为 0.0 的二维数组。

```
>>>data_b=np.ones((2,3))
```

该语句创建一个 2 行 3 列、元素值均为 1.0 的二维数组。

```
>>>data_c=np.arange(1, 5, 0.2)
```

该语句创建一个一维数组,第 1 个和第 2 个参数表示产生数组的取值范围为[1, 5),数组元素包括左侧数值 1,不包括右侧数值 5;第 3 个参数 0.2 为步长。

data_c 中数据为:array([1.,1.2,1.4,1.6,1.8,2.,2.2,2.4,2.6,2.8,3.,3.2,3.4,3.6,3.8,4.,4.2,4.4,4.6,4.8])。

```
>>>data_d=np.linspace(1, 5, 9)
```

该语句创建一个一维数组,第 1 个和第 2 个参数表示产生数组的取值范围为[1,5],数组元素包括左侧数值 1,也包括右侧数值 5;第 3 个参数为将范围[1,5]中的数据等分多少份,data_d 中数据为:array([1. ,1.5,2. ,2.5,3. ,3.5,4. ,4.5,5. ])。

```
>>>data_e=np.arange(12).reshape((3, 4))
```

该语句中的 arrange(12)只提供了一个参数,表示产生的数据范围为[0,12),默认步长为 1,故产生数据为自 0 开始到 12(不包括 12)结束的 12 个整数;其后的 reshape((3,4))表示将包含 12 个数值的一维数组重新划分为 3 行 4 列的一个二维数组,data_e 数据为:

```
array([[ 0, 1, 2, 3],
       [ 4, 5, 6, 7],
       [ 8, 9, 10, 11]])
>>>date_f=np.random.random((2, 3))
```

该语句生成数值范围在[0.0,1.0)的 2 行 3 列的二维数组。

```
>>>date_g=np.random.randint(1, 10)
```

该语句生成一个值范围在[1,10)的整数。

**2. Numpy 基础运算**

Numpy 的运算以 n 维数组为基础,包括基本的加、减、乘、除、幂、对数和三角函数等运算。

示例:

```
>>>data_a=np.arange(4)        #data_a 的值为 array([0, 1, 2, 3])
>>>data_b=np.arange(4, 8)     #data_b 的值为 array([4, 5, 6, 7])
>>>data_c=data_a+data_b       #data_c 的值为 array([4, 6, 8, 10]),按值相加
>>>data_d=data_a - data_b     #data_d 和 data_c 运算方式类似,乘除操作类似
#np.pi 是 Numpy 内置常数,为 π 值 3.141592653589793
>>>data_e=np.linspace(-np.pi, np.pi, 100)       #均匀产生 100 个-np.pi~np.pi 的数值
>>>data_f=np.sin(data_e)      #对 data_e 中每一个值执行正弦函数(sin())运算
>>>data_g=np.log(data_e))     #对 data_e 中的每一个值执行以 e 为底的对数运算
```

## 9.4.2　使用 Matplotlib.pyplot 绘图

使用 Python 进行数据可视化操作,主要是使用第三方库 Matplotlib 中的 pyplot 模块进行图形的绘制。在使用之前,需要引入 Matplotlib 库的 pyplot 模块,语法格式如下:

```
import matplotlib.pyplot as plt
```

使用 Matplotlib 的 pyplot 绘制数据图形的一般步骤为:①使用 Numpy 准备绘制图形的数据;②生成绘图画布(plt. figure());③选择合适的图形类型绘制(plt. plot()、plt. scatter()等);④渲染图形并画出图形(plt. show())。

### 折线图及绘图常用功能

1）折线图绘制基础

使用 pyplot 绘制折线图使用 plot 方法，语法格式如下：

**plt.plot(x, y, color='color', marker='o', linestyle='dashed', label='labelDemo',其他参数)**

其中，x 和 y 是必选参数，是绘制图形数据的 x 和 y 坐标，x 和 y 的值应成对出现。其他参数均为可选参数：color——绘制线条的颜色，可以使用 ♯RRGGBB 方式描述，基本颜色可用 b、r 等描述；marker——绘制的数据点样式，如 o 为圆点、v 为尖角向下的三角形等，可省略；linestyle——与绘制的数据点连接线形，如-为平滑线条，-- 为虚线条等，可省略；label——绘制图形的图例名称。plot 的其他参数种类很多，包括 linewidth、markersize 等，用时可查阅 Matplotlib 提供的帮助文档。

【例 9.5】 绘制函数 $y=\sin(x)$，x 取值范围为 $[-\pi, \pi]$ 的数据线。

```
#P0905.py
import numpy as np
import matplotlib.pyplot as plt
#本节后续示例代码将省略引入 numpy 和 matplotlib.pyplot 的语句
x=np.linspace(-np.pi, np.pi, 100)      #x 轴坐标值序列
y=np.sin(x)                            #y 轴正弦函数 y 值序列
#生成一个画布,设置大小为宽 8 英寸高 5 英寸,可省略
plt.figure(figsize=(8, 5))
#x 为横坐标值,y 为横坐标对应的纵坐标值,颜色为绿色
plt.plot(x,y,color='g')
plt.show()                            #渲染并显示图形
```

该段代码执行的结果如图 9.24 所示。

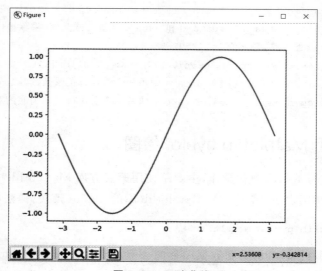

**图 9.24 正弦曲线**

2）多窗口

每执行一次 plt.figure() 函数,均会生成一个新的绘图窗口。

【例 9.6】　在两个绘图窗口中分别绘制正弦曲线 y=sin(x) 和余弦曲线 y=cos(x),x 取值范围为 [−π,π]。

```
#P0906.py
x=np.linspace(-np.pi, np.pi, 100)
y1=np.sin(x)                        #正弦函数 y 坐标值序列
y2=np.cos(x)                        #余弦函数 y 坐标值序列
#第一个绘图窗口,num 参数决定窗口名称为 figure1
plt.figure(num=1, figsize=(8,4))
plt.plot(x,y1,color='g')          #绘制正弦曲线
#第二个绘图窗口,num 参数决定窗口名称为 "cos(x)"
plt.figure(num='cos(x)')
plt.plot(x,y2,color='          #0000ff')#绘制余弦曲线,线条颜色为蓝色(#0000ff)
plt.show()
```

代码执行后,所绘图形如图 9.25 所示。

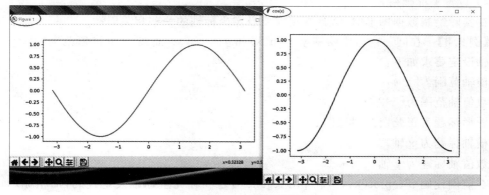

图 9.25　多窗口绘图

3）同窗口绘制多条曲线及显示图例

数据可视化时,常常将两个或多个函数的数据绘制在同一个窗口以进行数据对比。

【例 9.7】　在同一窗口中绘制 y=sin(x) 和 y=cos(x) 曲线,x 的取值范围为 [−π,π]。

```
#P0907.py
x=np.linspace(-np.pi, np.pi, 100)
y1=np.sin(x)
y2=np.cos(x)
plt.figure(num=1, figsize=(8,4))        #只创建一个绘图窗口
#绘制正弦曲线,设置图例为 y=six(x)
plt.plot(x,y1,color='g', label='y=sin(x)')
#绘制余弦曲线,设置图例为 y=cos(x)
plt.plot(x,y2,color='#0000ff', label='y=cos(x)')
plt.legend()                            #显示图例
```

```
plt.show()
```

代码执行后图形绘制结果如图 9.26 所示。

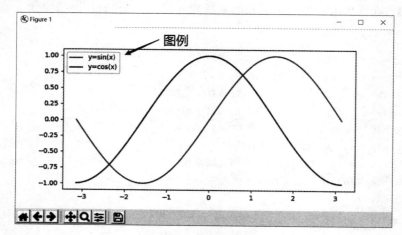

图 9.26　单窗口双线条

4）设置坐标轴格式

在实际绘制数据图形时,常常根据需要设定坐标轴的一些相关属性。

【例 9.8】　在同一窗口中绘制 y＝sin(x) 和 y＝cos(x) 曲线,x 的取值范围为[－π,π]。坐标轴设定要求如下：

横轴范围为[－4,4]。

数值轴范围为[－2,2]。

图形标题为正弦余弦对比图。

横轴标题为 x 轴。

数值轴标题为 y 轴。

在前例代码 plt.plot(x,y2) 和 plt.legend() 之间补充坐标轴设定代码,加粗显示,补充代码如下：

```
#P0908.py
#…上例代码前面略…
plt.plot(x,y2,color='#0000ff', label='y=cos(x)')
plt.xlim((-4, 4))                               #限定横轴坐标轴范围为 [-4, 4]
plt.ylim((-2, 2))                               #限定数值轴坐标轴范围为 [-2, 2]
plt.rcParams['font.sans-serif']=['SimHei']      #用来正常显示中文标签
plt.rcParams['axes.unicode_minus']=False        #用来正常显示负号
plt.title('正弦余弦对比图')                        #显示图表标题
plt.xlabel('x轴')                                #显示横轴标题
plt.ylabel('y轴')                                #显示数值轴标题
plt.legend()
#…上例代码部分略…
```

代码执行后,图形绘制窗口如图 9.27 所示。

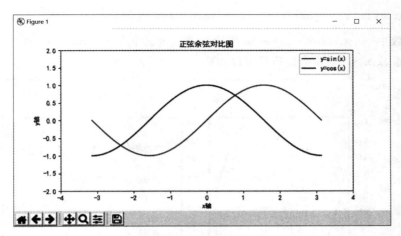

图 9.27　设置坐标轴属性

**说明**：为了能在绘图窗口正常显示汉字，需要通过 plt 的 rcParams 方法指定显示字体以及显示负号的参数值。

5）绘制子图

在同一个绘图窗口，可以绘制多个子图，绘制子图的功能由 pyplot 的 subplot()方法实现，使用 subplot()方法的一种语法格式如下：

**plt.subplot(a, b, c)**

subplot()函数的 3 个参数用于表明绘图区分为 a 行 b 列，指定当前子绘图区为第 c 个。子绘图区顺序从 1 开始，按照从左到右、从上到下排序。

**【例 9.9】**　绘制两个子图分别显示 y = sin(x) 和 y = cos(x) 的曲线，x 的取值范围为 $[-\pi, \pi]$。

```
#P0909.py
x=np.linspace(-np.pi, np.pi, 100)
y1=np.sin(x)
y2=np.cos(x)
plt.figure(figsize=(8, 4))
plt.subplot(1, 2, 1)          #指定 1 行 2 列的第 1 个子绘图区为可绘制区域
plt.plot(x, y1)               #在第 1 个子绘图区绘制正弦曲线
plt.subplot(1, 2, 2)          #指定 1 行 2 列的第 2 个子绘图区为可绘制区域
plt.plot(x, y2)               #在第 2 个子绘图区绘制余弦曲线
plt.show()
```

绘制效果如图 9.28 所示。

## 9.4.3　散点图

散点图一般用来反映数据的分布或关联趋势，Matploblib.pyplot 使用 scatter()方法绘制散点图，语法格式如下：

```
plt.scatter(x, y, color='color', marker='marker', s=size)
```

绘图参数中,x、y、color、marker 的作用和前文介绍相同。参数 s 用来描述绘制形状点的大小。除参数 x、y 外,其他参数都可以省略。

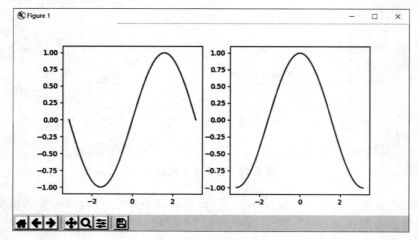

图 9.28　子绘图区绘图

【例 9.10】　绘制 x 坐标数据 0～9 的整数,对应 y 坐标数据随机生成(范围为[1,10))的散点图。

```
#P0910.py
x=np.arange(0, 10)                    #横轴值为[0, 1, 2, 3, 4, 5, 6, 7, 8, 9]
#纵轴值随机介于[1, 9]的整数共 10 个
y=np.random.randint(1, 10, size=10)
plt.scatter(x,y,marker='v',s=25)      #绘制散点图
plt.show()
```

绘制完成的图形如图 9.29 所示。

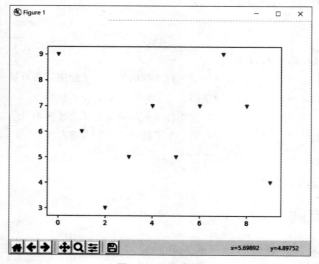

图 9.29　散点图

【例 9.11】　使用蒙特卡罗方法求解 π 值时,需要随机产生若干(x,y)坐标范围([0,1),[0,1))的点。随机生成 10000 个(x,y)坐标点,并绘制散点图,如图 9.30 所示。生成的随机坐标(x,y)如果在以(0,0)为圆心半径为 1 的 1/4 圆内时绘制为黑色点(rgb 颜色值为 #000000),其他点绘制为浅色点(rgb 颜色值为 #aaaaaa)。

```
#P0911.py
#由(x1,y1)组成的坐标点在 1/4 圆内,(x2,y2)在圆外
x1, y1, x2, y2=[], [], [], []
for i in range(10000):            #此循环用于生成 10000 个点的坐标
    x=np.random.random()          #生成 x 坐标
    y=np.random.random()          #生成 y 坐标
    if x**2+y**2<1:               #判断坐标(x, y)是否在 1/4 圆内
        x1.append(x)
        y1.append(y)
    else:
        x2.append(x)
        y2.append(y)
plt.figure(figsize=(5, 5))
plt.scatter(x1,y1,s=1,color='#000000')
plt.scatter(x2,y2,s=1,color='#aaaaaa')
plt.show()
```

绘制效果如图 9.30 所示。

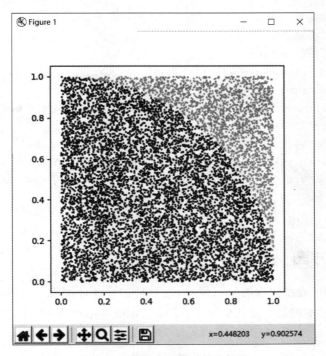

图 9.30　蒙特卡罗求 π 值坐标图

### 9.4.4 条形图

条形图可以反映数据的差异对比,广泛应用于需要进行数据对比的场合。Matplotlib. pyplot 使用 bar 方法绘制条形图,语法格式如下:

**plt.bar(x, height, width, facecolor)**

bar 方法的参数 x 为横坐标值,height 为横坐标值对应的 y 轴值(高度),width 为单柱宽度(取值范围 0~1,默认值为 0.8),facecolor 为柱体颜色。

绘制条形图时,常在条形图柱体上方标注数值,可以使用 Matplotlib. pyplot 的 text 方法实现,语法格式如下:

**plt.text(x, y, text, ha, va)**

text 方法的参数 x 和 y 是要显示参数 text 文字的坐标,ha 是 horizontal alignment 的缩写,是指文字的水平对齐方式(取值范围为 left、center、right);va 是 vertical alignment 的缩写,是指文字的纵向对齐方式(取值范围为 top、center、bottom)。

【例 9.12】 使用横向坐标为 $[0,2,4,6,8]$,纵坐标为 $[0,1)$ 随机数字的数据绘制红色条状图;使用横向坐标为 $[1,3,5,7,9]$,纵坐标为 $[0,1)$ 随机数字的数据绘制绿色条形图,并在条形图柱体上方标注纵坐标数值。

```
#P0912.py
x1=np.arange(0, 10, 2)
y1=np.random.random(5)
x2=np.arange(1, 11, 2)
y2=np.random.random(5)
plt.bar(x1, y1, facecolor='r')
plt.bar(x2, y2, facecolor='g')
for x,y in zip(x1, y1):      #此循环中依次取得横坐标为[0,2,4,6,8]的坐标值
    #y+0.05 表示文字在柱体上方偏移 0.05 的位置,下同
    plt.text(x, y+0.05, '{:.2f}'.format(y), ha='center', va='bottom')
for x,y in zip(x2, y2):      #此循环中依次取得横坐标为[1,3,5,7,9]的坐标值
    plt.text(x, y+0.05, '{:.2f}'.format(y), ha='center', va='bottom')
plt.show()
```

绘制的图形效果如图 9.31 所示。

### 9.4.5 直方图

直方图一般用来表示数据的分布情况,是一种二维统计图表。一般横坐标表示统计样本,纵坐标表示该样本的某个属性的度量。Matplotlib. pyplot 使用 hist 方法绘制直方图,语法格式如下:

**plt.hist(x, bins, histtype, rwidth, color)**

其中,参数 x 是用于统计的属性值,bins 是统计样本,histtype 是直方图种类(可选值为 bar、

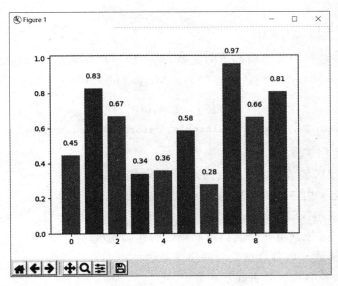

图 9.31　条形图

barstacked、step、stepfilled，默认值为 bar)，rwidth 是柱体宽度(范围为 0～1)，color 柱体颜色。

【例 9.13】　随机生成 1000 个范围在[0,100]的整数，统计[0,20)、[20,40)、[40,60)、[60,80)、[80,100)这 5 个区间段内的个数。

```
#P0913.py
bins=np.arange(0, 101, 20)
x=np.random.randint(0, 100, 1000)
plt.hist(x, bins,histtype= 'bar',rwidth=0.8, color='g')
plt.show()
```

代码执行后绘制的图形如图 9.32 所示。

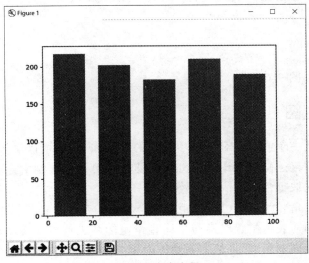

图 9.32　直方图

## 9.4.6 饼图

饼图可以反映数据中部分和整体的关系,是一种通过在一个圆中划分扇区表示数据关系的统计图,也是一种应用广泛的数据图表。Matplotlib. pyplot 通过 pie 方法绘制饼图,语法格式如下:

**plt.pie(x, explode, labels, startangle, colors, shadow, autopct)**

各参数的作用如下。

x:用来绘制扇区的数据,x 内元素的大小决定了扇区的大小。

explode:确定 x 内各数据生成的扇区是否要突出显示。

labels:用来描述各扇区的图例名。

startangle:用来控制第一个数据绘制扇区的起始角度。

colors:用来描述 x 内各数据生成的扇区颜色。

shadow:用来控制扇区是否显示阴影。

autopct:用来控制显示扇区占比。

【例 9.14】 一个人某天用于吃饭、购物、睡眠、学习和娱乐的时间分别是 2、3、7.5、8.5、3 小时,请据此绘制饼形图,并突出显示睡眠时间。

```
#P0914.py
plt.rcParams['font.sans-serif']=['SimHei']       #用来正常显示中文标签
plt.rcParams['axes.unicode_minus']=False        #用来正常显示负号
hours= (2, 3, 7.5, 8.5, 3)
labels=('吃饭', '购物', '睡眠', '学习', '娱乐')
colors=('c', 'm', 'r', 'b', 'y')
#explode 参数为元组(0,0,0.1,0,0)表示第 1、2、4、5 个数据不突出,第 3 个数据突出 0.1 个单位,
#autopct 用字符串占位符形式描述显示百分比
plt.pie(hours, explode= (0,0,0.1, 0,0), labels= labels, startangle= 90,colors=
colors, shadow=True, autopct='% 1.1f%%')
plt.legend()
plt.show()
```

图形绘制效果如图 9.33 所示。

## 9.4.7 雷达图

雷达图多用于同一个或同类对象多项指数的对比和分析,可以清晰地得出各指数间的优势和劣势的比较结果。Matplotlib. pyplot 中没有直接包含绘制雷达图的方法,用户可以使用绘制极坐标图来取得雷达图的绘图效果。

极坐标系是用夹角和距极点(原点)距离两个参数来表示位置的二维坐标体系。本书不介绍极坐标系具体如何表示位置以及与平面直角坐标系进行坐标变换,只使用极坐标夹角和距离数据完成雷达图的绘制,即绘制雷达图时需要描述每个数据点在 $2\pi$(即 $360°$)内的角度以及从极点出发的射线的长度。

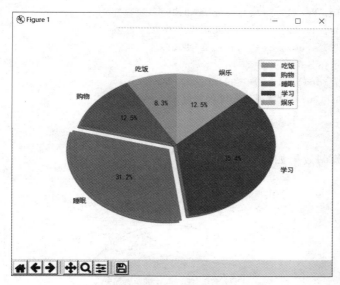

图 9.33　饼图

【**例 9.15**】　有两个学生的 5 门课程(语文,数学,英语,计算机,物理)成绩分别为(88, 95,76,98,94)和(93,75,95,80,69),绘制雷达图比较这两个学生同科目成绩。

分析:每个学生有 5 门成绩,故 5 个成绩应该分布在从 0 度角开始的跨度角度为 $2\pi/5$ 的射线上。

```
#P0915.py
import numpy as np
import matplotlib.pyplot as plt


#课程名称
labels=('语文', '数学', '英语', '计算机', '物理')
#列表 stu01 和 stu02 为学生 1 和学生 2 的成绩
stu01=[88, 95, 76, 98, 94]
stu02=[93, 75, 95, 80, 69]
#每个学生成绩的 5 个数据点在雷达图上应均分在 360 度(2 * np.pi)角所在射线上
angles=np.linspace(0, 2 * np.pi, 5, endpoint=False)

#为形成闭合曲线,需构造最后一个数据点的角度和值与第一个数据点的一致
angles=np.concatenate((angles, [0.0]))
stu01.append(stu01[0])
stu02.append(stu02[0])

plt.rcParams['font.sans-serif']='SimHei'
#ax 为类型为极坐标子图(polar)的对象
ax=plt.subplot(111, projection='polar')
#绘制第一个学生的数据线
ax.plot(angles, stu01, c='r', label='学生 1')
#填充第一个学生数据线围成的区域
```

```
ax.fill(angles, stu01, c='y', alpha=0.25)
ax.plot(angles, stu02, c='g', label='学生 2')
ax.fill(angles, stu02, c='y', alpha=0.25)
#将课程名称显示在各角度顶端
ax.set_thetagrids(angles * 180/np.pi, labels)
ax.set_ylim(0, 100) #设置射线长度限制值为 100
plt.legend()
plt.show()
```

代码执行后,绘制效果如图 9.34 所示。

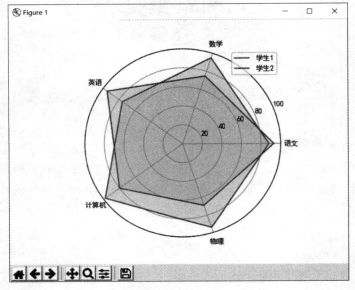

图 9.34  雷达图

## 9.4.8  三维图

Matplotlib. plot 绘图功能强大,除以上各类图形外,还可以绘制堆叠图(图 9.35(a))、等高线图(图 9.35(b))等类型的图形,甚至可以绘制三维图形。

【例 9.16】 用 Matplotlib. plot 结合 Mplot3 模块绘制三维图形。

```
#P0916.py
import numpy as np
import matplotlib.pyplot as plt
#需要引入 Matplotlib 的三维模块 Axes3D
from mpl_toolkits.mplot3d import Axes3D
fig=plt.figure()              #获取绘图区句柄
ax=Axes3D(fig)                #生成三维绘图实例
X=np.arange(-4, 4, 0.25)      #生成 X 坐标点
Y=np.arange(-4, 4, 0.25)      #生成 Y 坐标点
X, Y=np.meshgrid(X, Y)        #np.meshgrid 用于生成有 (X,Y)组成的坐标矩阵
```

```
R=np.sqrt(X * * 2+Y * * 2)          #R 为 X 元素值和 Y 元素值平方和的平方根
Z=np.sin(R)                          #Z 值为 z 轴方向的坐标值,由 R 元素值取正弦得到
#ax.plot_surface 用于绘制三维图形,参数 X、Y、Z 用于描述三维空间的坐标值
#rstride 和 cstride 用于描述三维图像在各方向显示时的分隔线跨度,cmap 是
#ColorMap 的缩写,此处使用 plt 的内置颜色映射组合 rainbow
ax.plot_surface(X, Y, Z,rstride=1, cstride=1, cmap=plt.get_cmap('rainbow'))
plt.show()
```

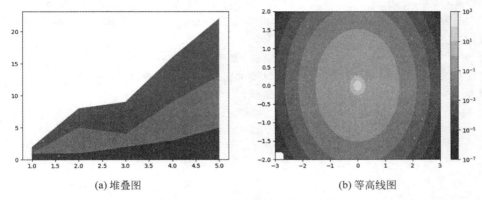

(a) 堆叠图　　　　　　　　　　　　　　　　　(b) 等高线图

图 9.35　Matplotlib.plot 绘制堆叠图和高线图

图形绘制完成的效果如图 9.36 所示。

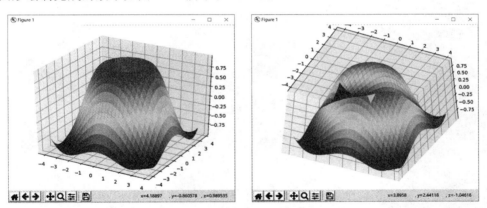

图 9.36　三维图在不同方向的查看效果

习　题　9

　　请使用 Python 设计编写一个简单的信息展示网站(展示书籍、动物、植物等),基本要求如下:

　　(1) 用户未登录时,可以浏览展示信息页面。

　　(2) 用户登录后,可以增加展示信息内容、修改展示信息文字或者删除某项展示内容。

# 参 考 文 献

1. 嵩天,礼欣,黄天羽. Python 程序设计基础[M]. 2 版. 北京:高等教育出版社,2017.
2. 董付国. Python 程序设计基础[M]. 2 版. 北京:清华大学出版社,2018.
3. 王学颖,刘立群,刘冰,等. Python 学习:从实践到入门[M]. 北京:清华大学出版社,2018.
4. [美]约翰·策勒. Python 程序设计[M]. 3 版. 王海鹏,译. 北京:人民邮电出版社,2018.
5. [美] Eric Matthes. Python 编程:从入门到实践[M]. 袁国忠,译. 北京:人民邮电出版社,2018.
6. 袁方,王亮. C++ 程序设计[M]. 北京:清华大学出版社,2013.
7. 袁方,安海宁,肖胜刚,等. 大学计算机[M]. 北京:高等教育出版社,2107.
8. 刘春茂,裴雨龙. Python 程序设计案例课堂[M]. 北京:清华大学出版社,2017.
9. 刘宇宙. Python3.5 从零开始学[M]. 北京:清华大学出版社,2017.
10. [美]巴里(Barry P). 深入浅出 Python[M]. 林琪,等译. 北京:中国电力出版社,2012.